大数据系列丛书

大数据可视化

王珊珊 梁同乐 主编 / 马梦成 王浩 副主编

清华大学出版社
北京

内 容 简 介

本书全面介绍大数据可视化的基础知识及编程实现方法。全书共8章，主要内容包括数据可视化基础、可视化编程基础、对比与趋势可视化、比例数据可视化、关系数据可视化以及可视化的更多选择、可视化还能做什么、基于可视化的分析案例等，每章最后均提供了一些习题或实战作业，旨在通过练习和操作实践帮助读者巩固所学的内容。

本书可作为高等院校计算机类专业大数据相关课程和非计算机类专业计算机程序设计基础相关课程的教材，也可作为程序设计培训班的参考教材，并适合专业计算机编程人员和广大计算机爱好者自学使用。

本书封面贴有清华大学出版社防伪标签，无标签者不得销售。
版权所有，侵权必究。举报：010-62782989，beiqinquan@tup.tsinghua.edu.cn。

图书在版编目(CIP)数据

大数据可视化/王珊珊，梁同乐主编. —北京：清华大学出版社，2021.4(2024.8重印)
(大数据系列丛书)
ISBN 978-7-302-57835-2

Ⅰ.①大… Ⅱ.①王… ②梁… Ⅲ.①数据处理 Ⅳ.①TP274

中国版本图书馆CIP数据核字(2021)第057253号

责任编辑：郭　赛
封面设计：常雪影
责任校对：焦丽丽
责任印制：杨　艳

出版发行：清华大学出版社
网　　址：https://www.tup.com.cn，https://www.wqxuetang.com
地　　址：北京清华大学学研大厦A座　　　　邮　编：100084
社　总　机：010-83470000　　　　　　　　邮　购：010-62786544
投稿与读者服务：010-62776969，c-service@tup.tsinghua.edu.cn
质量反馈：010-62772015，zhiliang@tup.tsinghua.edu.cn
课件下载：https://www.tup.com.cn，010-83470236

印 装 者：三河市龙大印装有限公司
经　　销：全国新华书店
开　　本：185mm×260mm　　印　张：9　　字　数：203千字
版　　次：2021年6月第1版　　　　　　　印　次：2024年8月第4次印刷
定　　价：58.00元

产品编号：090634-01

出版说明

随着互联网技术的高速发展,大数据的研究逐渐成为一股热潮,业界对大数据的讨论已经达到前所未有的高峰,大数据技术逐渐在各行各业甚至人们的日常生活中得到广泛应用。与此同时,人类社会也进入了云计算时代,云计算正在快速发展,相关技术热点也呈现出百花齐放的局面。截至目前,我国大数据及云计算的服务能力已得到大幅提升。大数据及云计算技术将成为我国信息化的重要形态和建设网络强国的重要支撑。

我国大数据及云计算产业的技术应用尚处于探索和发展阶段,且由于人才培养和培训体系的相对滞后,大批相关产业的专业人才严重短缺,这将严重制约我国大数据及云计算产业的发展。

为了使大数据及云计算产业的发展能够更健康、更科学,校企合作中的"产、学、研、用"协同的重要性越来越凸显,校企合作共同"研"制出的学习载体或媒介(教材),更能使学生真正学有所获、学以致用,最终直接对接产业。以"产、学、研、用"一体化的思想和模式进行大数据教材的建设,以"理实结合、技术指导书本、理论指导产品"的方式打造大数据丛书,可以更好地为校企合作下应用型大数据及云计算人才培养模式的改革与实践做出贡献。

本套丛书均由具有丰富教学和科研实践经验的教师及大数据产业的一线工程师编写,丛书包括《大数据技术基础应用教程》《数据采集技术》《数据清洗与 ETL 技术》《数据分析导论》《大数据可视化》《云计算数据中心运维管理》《数据挖掘与应用》《Hadoop 大数据开发技术》《大数据与智能学习》《大数据深度学习》等。

作为一套从高等教育和大数据产业的实际情况出发而编写出版的大数据校企合作教材,本套丛书可供培养应用型和技能型人才的高等学校大数据专业的学生使用,也可供高等学校其他专业的学生及科技人员使用。

编委会主任
刘文清

编委会

主　任：刘文清

副主任：陈　统　李　涛　周　奇

委　员：

于　鹏	新华三集团新华三大学	张小波	广东轩辕网络科技股份有限公司
王正勤	广州南洋理工职业学院		
王会林	韩山师范学院	张　纯	汕头开放大学
王国华	华南理工大学	张建明	长沙理工大学
王珊珊	广东轻工职业技术学院	张艳红	广州理工学院
王敏琴	肇庆学院	陈永波	新华三集团新华三大学
左海春	广州南洋理工职业学院	陈　强	广东科技学院
申时全	广州软件学院	罗定福	广东松山职业技术学院
田立伟	广东科技学院	周永塔	广东南华工商职业学院
冯　广	广东工业大学	周永福	河源职业技术学院
朱天元	吉林大学珠海学院	郑海清	广东南华工商职业学院
朱光迅	广东科学职业技术学院	柳义筠	广州科技贸易职业学院
朱香元	肇庆学院	贺敏伟	广东财经大学
伍文燕	广东工业大学	翁　健	暨南大学
华海英	广东财经大学	黄清宝	广西大学
郜依林	广东第二师范学院	龚旭辉	广东工业大学
刘小兵	新华三集团新华三大学	梁同乐	广东邮电职业技术学院
刘红玲	广州南洋理工职业学院	曾振东	广东青年职业学院
汤　徽	新华三集团新华三大学	谢　锐	广东工业大学
许　可	华南理工大学	简碧园	广州交通职业技术学院
苏　绚	汕头开放大学	蔡木牛	广州软件学院
李　舒	中国医科大学	蔡永铭	广东药科大学
杨胜利	广东科技学院	蔡　毅	华南理工大学
杨　峰	广东财经大学	廖大强	广东南华工商职业学院
邱　新	汕头开放大学	熊　伟	广东药科大学
余姜德	中山职业技术学院		

前言

党的二十大报告提出"实施科教兴国战略,强化现代化建设人才支撑"。深入实施人才强国战略,培养造就大批德才兼备的高素质人才,是国家和民族长远发展的大计。为贯彻落实党的二十大精神,筑牢政治思想之魂,编者在牢牢把握这个原则的基础上编写了本书。

本书的编写参照了相关企业的行业标准和高等学校的专业教学标准,能够更好地用于大数据分析、可视化等大数据职业技能人才的培养。

移动互联网、云计算、物联网等信息技术产业的发展日新月异,信息传输、存储、处理能力快速提升,每年所产生的数据量都在以指数级递增,从海量数据中发现知识、提取价值是大数据时代的迫切需求。大数据和人工智能的广泛应用导致了数据来源广泛、数据结构多元异构、数据处理技术日益复杂的局面,面对不同来源、不同结构、不同特性的数据,如何对其进行有效的分析、呈现等都是数据可视化需要解决的问题。

随着各行各业向数字化转型,社会对大数据可视化人才的需求日益增多。大数据可视化技术能够从各行各业的数据中挖掘数据的规律和价值,从而帮助人们理解数据背后的意义。

本书共8章,内容包括数据可视化基础、可视化编程基础、对比与趋势可视化、比例数据可视化、关系数据可视化以及可视化的更多选择、可视化还能做什么、基于可视化的分析案例。

本书由王珊珊、梁同乐担任主编,由马梦成、王浩担任副主编。

由于编者的水平和经验有限,书中难免有欠妥和错误之处,希望广大读者提出宝贵意见。

编 者
2023 年 7 月

目　录

第 1 章　数据可视化基础 … 1
1.1　数据是什么 … 1
1.1.1　数据的本质 … 1
1.1.2　数据与信息 … 3
1.2　数据与可视化 … 4
1.2.1　数据会说话 … 4
1.2.2　可视化流程 … 6
1.2.3　数据与图形 … 7
1.3　可视化的基本理论 … 15
1.3.1　视觉感知 … 15
1.3.2　格式塔理论 … 16
1.3.3　设计基础 … 20
1.4　练习 … 31

第 2 章　可视化编程基础 … 32
2.1　可视化工具简介 … 32
2.1.1　Excel … 32
2.1.2　D3 … 32
2.1.3　Flot … 33
2.1.4　ECharts … 33
2.1.5　Tableau … 34
2.1.6　PolyMaps … 34
2.1.7　Modest Maps … 34
2.1.8　Processing … 35
2.1.9　R … 35
2.1.10　Python … 35
2.1.11　Gephi … 35
2.2　准备工作 … 36
2.2.1　Anaconda 的安装 … 36
2.2.2　PyCharm 的安装 … 40

2.3 数据源 ········· 42
    2.3.1 客户提供数据源 ········· 42
    2.3.2 自己爬取数据 ········· 42
    2.3.3 数据源资源 ········· 43
2.4 数据存储 ········· 45
2.5 数据处理 ········· 47
    2.5.1 数据质量 ········· 47
    2.5.2 数据预处理 ········· 47
    2.5.3 数据格式 ········· 48
2.6 属性关系与选择 ········· 49
    2.6.1 相关关系 ········· 50
    2.6.2 因果关系 ········· 51
2.7 练习 ········· 52

第3章 对比与趋势可视化 ········· 53
3.1 柱形图 ········· 53
    3.1.1 单柱图 ········· 53
    3.1.2 簇状柱图 ········· 57
3.2 折线图 ········· 60
3.3 箱线图 ········· 62
3.4 词云图 ········· 66
3.5 练习 ········· 69

第4章 比例数据可视化 ········· 71
4.1 饼图 ········· 71
4.2 环图 ········· 75
4.3 练习 ········· 77

第5章 关系数据可视化 ········· 79
5.1 散点图 ········· 79
    5.1.1 单一散点图 ········· 79
    5.1.2 分类散点图 ········· 81
5.2 气泡图 ········· 83
5.3 直方图 ········· 84
5.4 练习 ········· 88

第6章 可视化的更多选择 ········· 89
6.1 画布划分 ········· 89

    6.1.1 均匀划分 ··· 90
    6.1.2 非均匀划分 ·· 91
  6.2 坐标轴与刻度 ··· 94
    6.2.1 颜色与标签 ·· 94
    6.2.2 共享坐标轴 ·· 98
  6.3 练习 ·· 101

第 7 章 可视化还能做什么 ··· 103
  7.1 探索式分析 ·· 103
    7.1.1 探索数据缺失情况 ·· 103
    7.1.2 探索属性关系 ·· 107
  7.2 数据预测 ··· 109
    7.2.1 回归分析原理 ·· 109
    7.2.2 回归分析实现 ·· 110
  7.3 练习 ·· 114

第 8 章 基于可视化的分析案例 ·· 115
  8.1 数据解读与导入 ··· 115
  8.2 数据集重构 ··· 117
  8.3 回归模型拟合 ·· 127
  8.4 Bootstrap 采样分析 ·· 128
  8.5 练习 ·· 130

第1章

数据可视化基础

随着数据革命的到来,全世界无时无刻不在产生着大量的数据,从数据中发现价值,提炼知识,再使用合适的方式将其展现为让人一目了然、眼前一亮的可视化作品,这是体现数据价值的完整过程。优秀的数据可视化作品能够彰显数据的潜在性、规律性、价值性,帮助我们理解数据背后的意义。

1.1 数据是什么

1.1.1 数据的本质

数据并不是新鲜出炉的热词,也并非很多人理解的单纯数字的堆砌。数据的历史可以追溯到几千年前,在时间数据的度量方面,古人通过观察天象运动规律,上古时代已采用干支纪元,干支的发明标志着最原始的历法出现,配合数字用来计算年岁。西周时开始使用十二地支表示时辰,以夜半23点至次日凌晨1点为子时,1~3点为丑时,3~5点为寅时,依次递推。其中,日晷仪是我国古代较为普遍使用的计时仪器(如图1-1所示),主要是根据日影的位置以指定当时的时辰或刻数。这些都源于古人对天象数据的记录、推演所得到的时间信息。可以看出,早在几千年前古人就开始对数据进行量化分析,辅助人们进行各种日常活动。

图1-1 日晷仪

时至今日,以大数据、物联网、人工智能、5G 为核心特征的数字化浪潮正席卷全球,车联网、工业物联网、人工智能生物识别带来了海量数据,科技的进步使得数据的收集和存储变得更加容易,无处不在的网络和信息技术的普及也让人们摆脱了时间与空间的限制。人类产生的数据量正在呈指数级增长,大约每两年翻一番,这意味着人类在最近两年产生的数据量相当于之前产生的全部数据量总和。

面对大量数据,如果毫无目标和概念,或者不知道有什么可以去了解,那么数据就是枯燥的,它不过是数字和文字的堆砌,除了冰冷的字符之外没有任何意义。而统计与可视化的意义就在于能帮助我们观察到更深层次的东西。数据是现实生活的一种映射,其中隐藏着许多故事,在那一堆堆的数字之间存在着实际的意义、真相和美。而且和现实生活一样,有些故事非常简单直接,有些则颇为迂回费解。有些故事只会出现在教科书里,而其他一些则体裁新奇。相同的数据,分析的角度不同、展现的形式不同,讲故事的方式就完全不同,这取决于可视化的设计者,所以不免会掺杂个人的因素和角度。

乔纳森·哈里斯(Jonathan Harris)的作品关注社会心理、环境保护等主题。*We feel fine* 是由 Jonathan Harris 和 Sepandar Kamvar 共同完成的一个有趣的新项目,用 Processing 编写。这件交互作品从各个公开的个人博客中抓取词句,然后将它们以悬浮气泡的形式展现出来。每一个气泡都代表着某种情绪,并使用相应的颜色标记,颜色越深代表心情越不好。从整体来看,气泡就像无数个体在空间中无止境地漂浮,但观察一段时间之后你就会发现它们开始聚集。如果在顶部菜单中选择各种分类,还能看到这些貌似随机的片段之间的联系。点击单独的气泡,可以看到它自身的来龙去脉,整个作品既富有诗意又能给人以启迪。如图 1-2 所示,数据和可视化不一定只能是冰冷的客观事实,分析和洞察是数据可视化展现的一个目的,富有情感地"讲述数据",与读者产生共鸣也是很好的一个选择。

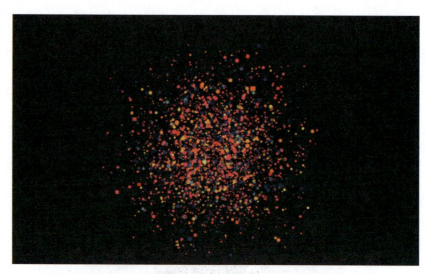

图 1-2　Jonathan Harris 和 Sepandar Kamvar 的作品 *We feel fine*

在无法确定因果关系时,数据为我们提供了解决问题的新方法,数据中所包含的信息可以帮助我们消除不确定性,而数据之间的相关性在某种程度上可以取代原来的因果关系,帮助我们得到我们想知道的答案,这便是大数据思维的核心。

1.1.2 数据与信息

1. 数据

数据(data)是事实或观察的结果,是对客观事物的逻辑归纳,是用于表示客观事物的未经加工的原始素材。数据可以是连续的值,比如声音、图像,称为模拟数据;也可以是离散的,如符号、文字,称为数字数据。在现今的生活中,人们每天都要接触到大量的数据以及由数据构成的文字、符号、声音、图像等信息。

在计算机系统中,数据存储形式以二进制信息单元 0、1 表示。计算机中存储数据的最小单位是 bit,中文称比特。存储器中所包含存储单元的数量称为存储容量,其计量基本单位是 Byte,中文称字节。8 个二进制位(bit)为 1 个字节(Byte),此外还有 KB、MB、GB、TB 等,它们之间的换算关系是 1Byte=8bit,1KB=1024B,1MB=1024KB,1GB=1024MB,1TB=1024GB。

2. 信息

信息(information)是隐藏在数据背后的规律,需要人类挖掘和探索才能够发现。信息是对事物的描述,它比数据更加抽象。

(1) 数据与信息的区别

数据是信息和数据冗余之和,即数据=信息+数据冗余。冗余有两层含义,第一层含义是指多余不需要的部分,第二层含义是指人为增加重复的部分,其目的是用来对原本的内容实现备份,以达到增强其安全性的目的,这在信息通信系统中有着较为广泛的应用。数据是数据采集时得到的,信息是从采集的数据中获取的有用信息。由此可见,信息可以简单地理解为数据中包含的有用的内容。

(2) 数据与信息的联系

数据和信息之间是相互联系的。数据是反映客观事物属性的记录,是信息的具体表现形式。数据经过加工处理之后,就成为信息;而信息需要经过数字化转变成数据才能存储和传输。

3. 知识

知识(knowledge)具有系统性、规律性和可预测性。数据和信息处理以后就会得到知识;而知识是比数据和信息更加高级的抽象概念。

4. 数据、信息与知识的关系

知识具有系统性、规律性和可预测性。例如,通过观测记录行星出现位置和出现时间,再对数据进行分析、挖掘,计算得到星球运动的规律,这称为信息。针对信息进行总结和提炼,得到开普勒三定律,知识由此产生。知识使人们更加清晰地了解世界和生活,通过知识不断改变周围的世界——所有这一切的基础就是数据。

从数据到信息再到知识,清晰界定各概念的范围,有利于大数据的学习与展现。从数据到信息,通过不同的技术处理,可能会得到不同的信息。而从信息到知识,则直接导致了后期的数据的应用场景和使用价值(如图1-3所示)。

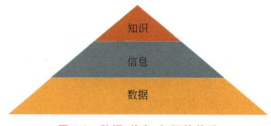

图1-3 数据、信息、知识的关系

1.2 数据与可视化

1.2.1 数据会说话

可视化涵盖了各种应用情景,从产品销量、流行趋势可视化,到疫情蔓延分析,要制作精美优质的数据可视化作品,除了需要出色的分析能力之外,还需要具备设计图形和讲述故事的技能。我们先来介绍历史上一些著名的实例。

1. 1854年伦敦宽街霍乱地图

John Snow霍乱地图本质上是一张早期的点图可视化。图中在城市街区内用小条形图标记出了伦敦每个家庭死于霍乱的人数。这些条形图的集中程度和长度反映出城市街区的特定集合,旨在试图查明这些地区的死亡率高于其他地区的原因。调查结果显示:霍乱感染者人数最多的家庭所使用的饮用水均来自同一口水井。这在当时是一则发人深省的启示。这口水井已经被污水污染,霍乱疫情集中爆发的区域都在使用这口问题水井。在研究伦敦霍乱爆发事件更为广泛的趋势时,这一发现帮助人们认识到,霍乱疾病与受污染的水井之间存在相关性。那么,预防霍乱的办法就是建立排污系统并保护水井不受污染。

图1-4揭示了问题的根本原因,并启发人们找到了解决方案,正因如此,它成为一个非常成功的可视化实例。另外,在那个还没有完全开创点图和热图的年代,这种早期的尝试可谓极具创新性。正因为分析师拓宽了可视化技术的边界,从而创造出有用的新形式,才得以发现这一解决方案。

2. 一生能看到几次日食

2017年8月的日食是近一个世纪以来发生的首次横跨美国东西海岸的日食。在这次日食之后,《华盛顿邮报》创建了一个交互式的地球可视化,用来显示此次日食的路径和2080年之前所有未来日食的路径。旋转的地球上显示了日全食的路径(太阳完全被月亮

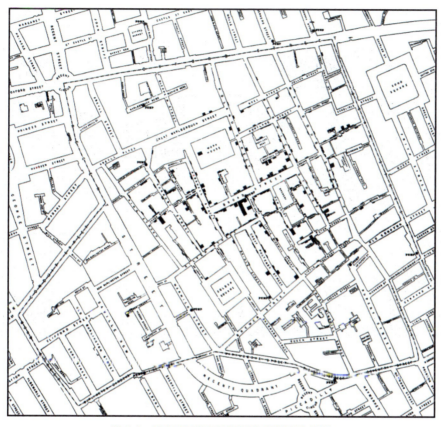

图1-4 1854年伦敦宽街霍乱爆发事件地图

遮挡的日食路径)、发生地点和发生时间(时间用深浅不一的阴影表示,并配以悬停文本工具提示)。如果在网页中输入自己的出生年份,将会了解到一生中还能看到多少次日食。

3. 自拍之城

"自拍之城"站在广阔视角,以"自拍"这一全球现象为背景对自拍数据进行了解读(如图1-5所示)。通过分析来自世界各地的12万张自拍照片,研究人们进行自拍的方式。令人难以置信的是,这项研究的内容包罗万象,并且对自拍的方方面面进行了严谨的细分。我们能够从任何细节中发现趋势,可以按城市研究自拍者的头部倾斜状态或拍照姿势的趋势,或者按年龄和性别查看照片中出现微笑的频率。

自拍者往往都比较年轻,这一点可能并不会让您感到惊讶。但是,可能会惊讶地发现,自拍并不像人们通常假设的那样千篇一律:与世界其他地方相比,圣保罗的女性在自拍时喜欢尽力去倾斜头部,而曼谷的女性则是喜欢微笑。随着社交媒体的影响在我们的生活中变得愈发根深蒂固,这一研究向我们展示了这种多样化全球现象的迷人之处。该网站还设置了一个交互式元素作为彩蛋,允许用户用独特的方式应用筛选器,来进一步探索自拍的世界。

数据可视化的好处就在于能帮助人们观察到更深层次的东西。数据可以映射出现实

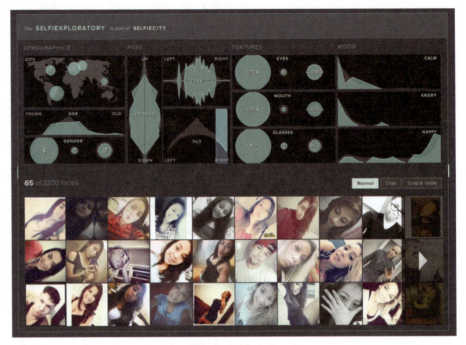

图 1-5　自拍之城

生活中的许多事情，在大量的数据中存在着有价值的信息，有些数据非常简单直接，有些数据迂回费解，而有些数据则体裁新奇，获取信息的方式完全取决于分析数据的人。

1.2.2　可视化流程

数据可视化的流程以数据流向为主线，其核心流程主要包括数据采集、数据处理和变换、可视化映射和用户感知四大步骤。整个可视化过程可以看成是数据流经过一系列处理步骤，从而得到转换的过程。用户可以通过可视化的交互功能进行互动，通过用户的反馈提高可视化的效果。

1. 数据采集

可视化的对象是数据，而采集的数据涉及数据格式、维度、分辨率和精确度等重要特性，这些因素决定了可视化的效果。因此，在可视化设计过程中，务必事先了解数据的来源、采集方法和数据属性，以便准确地反映待解决的问题。

2. 数据处理和变换

数据处理和变换是数据可视化的前期准备工作。原始数据中含有噪声和误差，还会有一些信息被隐藏。可视化之前需要将原始数据转换成用户可以理解的模式和特征并显示出来。所以，数据处理和变换是必要的环节，它包括数据去噪、数据清洗、提取特征等流程。

3. 可视化映射

可视化映射过程是整个数据可视化流程的核心,其主要目的是让用户通过可视化结果去理解数据信息以及数据背后隐含的规律。该步骤将数据的数值、空间坐标、不同位置数据间的联系等信息映射为可视化视觉通道的不同元素,如标记、位置、形状、大小和颜色。因此,可视化映射需要与数据、感知、人机交互等方面相互依托,共同实现可视化目的。

4. 用户感知

可视化映射后的结果只有通过用户感知才能转换成知识和灵感。用户从数据的可视化结果中进行信息融合、提炼、总结知识并获得灵感。数据可视化使用户能够从数据中探索新的信息,证实自己的想法是否与数据所展示的信息相符合;用户可以利用可视化结果向他人展示数据所包含的信息;与可视化模块进行交互,交互功能在可视化辅助分析决策方面发挥了重要作用。现在,有很多科学可视化和信息可视化工作者仍在不断地优化可视化工作流程,以实现更优秀的可视化效果。

图 1-6 是 Haber 和 McNabb 提出的可视化流水线,描述了从数据空间到可视空间的映射,包含了数据分析、数据过滤、数据可视映射和绘制等各个阶段。这个流水线常用于科学计算可视化系统中。

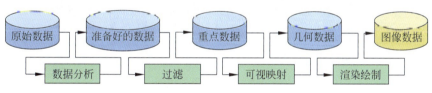

图 1-6 Haber 和 McNabb 提出的可视化流水线

1.2.3 数据与图形

数据绘图用于可视化原始数据信息的直观呈现,其典型方法有柱形图、条形图、折线图、直方图、饼图、散点图、热力图、箱线图、小提琴图、雷达图和词云图等。实际选择图表时应先从总体上观察数据,然后细化到具体的分类和其他的特性。

1. 柱形图

柱形图采用长方形和颜色编码数据的属性(如图 1-7 和图 1-8 所示)。柱形图的每根直柱内部也可以用像素方式编码,这种柱形图称为堆叠柱形图。柱形图适用于二维数据集,但只有一个维度需要比较。柱形图利用柱子的高度反映数据的差异。柱形图的局限在于只适用于中小规模的数据集。

2. 条形图

条形图是柱形图向右旋转了 90°的呈现方式(如图 1-9 所示)。当条目数较多时,如大于 12 条时,在移动设备上显示的柱形图就会显得拥挤不堪,这时更适合用条形图。条形图的条目数一般要求不超过 30 条,否则易带来视觉和记忆上的负担。

图1-7 柱形图示例

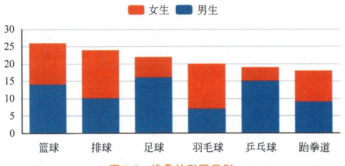

图1-8 堆叠柱形图示例

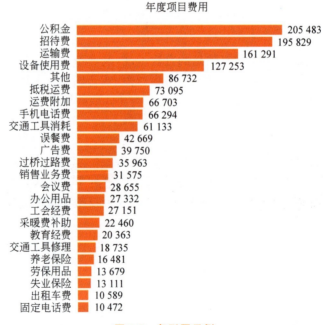

图1-9 条形图示例

3. 折线图

拆线图可用于二维大数据集,适用于趋势比单个数据点更重要的场合。图 1-10 为 2018—2019 年 50 个重点城市商品住宅累计销售面积折线图,通过观察该图,用户就能够清晰地了解该时段的住房成交量的变化及规律。

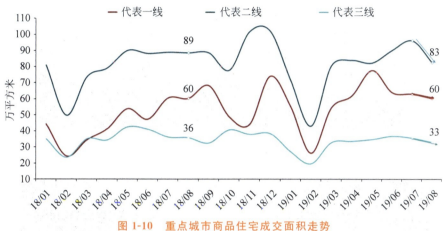

图 1-10 重点城市商品住宅成交面积走势

4. 直方图

直方图是一种对数据分布情况的图形表示,是一种二维统计图表,它的两个坐标分别是统计样本和该样本对应的某个属性的度量,以长条图的形式具体表现。因为直方图的长度及宽度很适合用来表现数量上的变化,所以较容易解读差异小的数值。

直方图实际上也是一种柱形图,但是直方图用于描述定量变量。直方图的 X 轴代表将定量变量的数据划分为若干等宽度的区间。例如,将 100 个人按年龄划分,划分为 10 个区间,则每 10 岁为一个区间。与柱形图不同,柱形图中每个矩形在 X 轴上对应一个定性变量的取值,而直方图的每个矩形在 X 轴上对应定量变量数据的区间(集合)。直方图的每一个区间也都有一个柱,这个柱的高度与 Y 轴的频率和频数成比例。除此之外,由于是等宽度区间,所以不仅高度,各个区间的面积也与数据在相应区间的频数成比例。因此,矩形面积也与频率成比例。

在图像处理和摄影领域中,颜色直方图(color histogram)是指图像中颜色分布的图形表示(如图 1-11 所示)。数字图像的颜色直方图覆盖该图像的整个色彩空间,标绘各个颜色区间中的像素数。

5. 饼图

饼图,或称饼状图,是一个划分为几个扇形的圆形统计图表,用于描述量、频率或百分比之间的相对关系(如图 1-12 所示)。在饼图中,每个扇区的弧长(以及圆心角和面积)大小为其所表示的数量的比例。这些扇区合在一起刚好是一个完全的圆形。顾名思义,这些扇区拼成了一个切开的饼形图案。

图 1-11　颜色直方图

图 1-12　NBA 2K20 球员身体素质饼图

饼图在商业领域和大众媒体中几乎无处不在，但很少用于科技出版物。很多统计学家建议避免使用这一图表，他们指出，在饼图中很难对不同的扇区大小进行比较，或对不同饼图之间数据进行比较。在一些特定情况下，饼图可以很有效地对信息进行展示。特别是在想要表示某个大扇区在整体中所占比例，而不是对不同扇区进行比较时，饼图则十分有效。

弗罗伦斯·南丁格尔于1858年首次使用了一种现在称为极区图的图表类型，有时也称为南丁格尔玫瑰图（如图 1-13 所示）。极区图和通常使用的饼图很类似，扇区的角度和饼图一样，但扇区离圆心的距离并不相同。据说南丁格尔早期大部分声望都来自其对数据清楚且准确的表达。

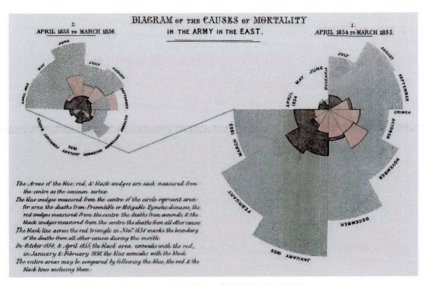

图 1-13　南丁格尔玫瑰饼图(极区图)

6. 散点图

美国权威心理学专刊《行为科学史杂志》(*Journal of the History of the Behavioral Sciences*)在 2005 年的一篇论文中如此评价散点图:"most versatile, polymorphic, and generally useful invention in the history of statistical graphics"(这是信息图表史上功能最多、形式多样、应用范围极为广阔的一个伟大发明)。散点图是一个令人敬畏的工具,它展示了大量混乱的数据,并将其转化为易于理解的图表,有助于观众或读者理解(如图 1-14 所示)。比起其他图表,散点图最能显示相关性,显示一个变量如何影响其他变量,便于发现趋势和异常值。散点图,是绘制在 X 轴和 Y 轴坐标系中,可以同时表述两个变量的一组数据点。这些大量的数据点组合在一起,形成了一些形状,揭示了数据背后的相关信息。

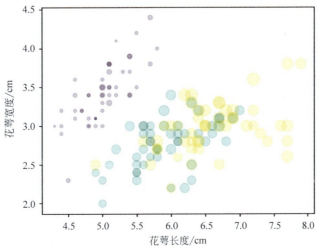

图 1-14　鸢尾花数据集花萼长度、花萼宽度散点图

7. 热力图

热力图是数据的图形表示,其矩阵中包含的各个值表示颜色(如图 1-15 所示),热力图通过密度函数进行可视化,用于表示地图中点的密度,它使人们能够独立于缩放因子感知点的密度。现今,热力图在网页分析、业务数据分析等其他领域也有较为广泛的应用。

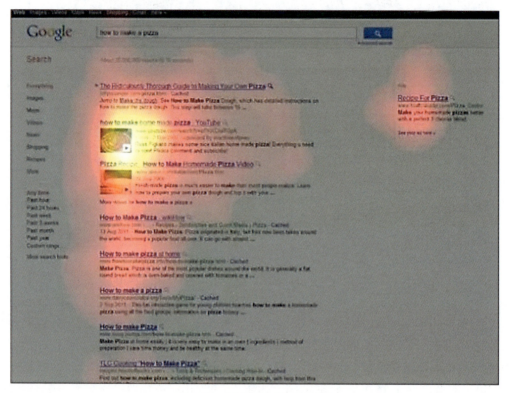

图 1-15　谷歌搜索点击热力图

8. 箱线图

箱线图是利用数据中的五个统计量(最小值、第一四分位数、中位数、第三四分位数与最大值)来描述数据的一种方法,它也可以粗略地看出数据是否具有对称性、分布的分散程度等信息,特别可以用于对几个样本的比较(如图 1-16 所示)。箱线图作为描述统计的工具之一,能够直观明了地识别数据中的异常值。异常值值得关注,忽视异常值的存在是十分危险的,不加剔除地把异常值包括进数据的计算分析过程中,对结果会带来不良影响;重视异常值的出现,分析其产生的原因,常常成为发现问题进而改进决策的契机。箱线图为我们提供了识别异常值的一个标准:异常值被定义为小于 $Q1-1.5IQR$ 或大于 $Q3+1.5IQR$ 的值。虽然这种标准有任意性,但它来源于经验判断,经验表明它在处理需要特别注意的数据方面表现不错。

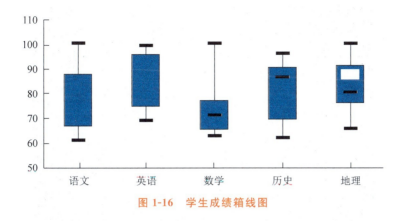

图 1-16　学生成绩箱线图

9. 小提琴图

小提琴图是一种绘制数字数据的方法，它类似于箱线图，但在每一侧都添加了旋转的核密度图（如图 1-17 所示）。通常，小提琴图包括箱线图中的所有数据：数据中位数的标记、指示四分位间距的框或标记，如果样本数量不是太多，则可能还包括所有样本点。小提琴图其实是箱线图与核密度的结合，箱线图展示了分位数的位置，小提琴图则展示了任意位置的密度，通过小提琴图可以知道哪些位置的密度较高。

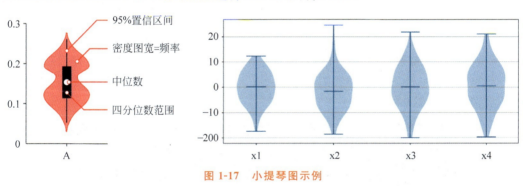

图 1-17　小提琴图示例

10. 雷达图

雷达图又称蜘蛛网图，是一种以二维图表的形式显示多元数据的图形方法，该二维图表包含从同一点开始的轴上表示三个或更多定量变量（如图 1-18 所示）。轴的相对位置和角度通常是无意义的，但是可以使用各种方法揭示分类的不同相关性。雷达图的每个变量都有一个从中心向外发射的轴线，所有的轴之间的夹角相等，同时每个轴有相同的刻度，将轴到轴的刻度用网格线连接作为辅助元素，连接每个变量在其各自的轴线的数据点形成一个多边形。雷达图对于查看哪些变量具有相似的值、变量之间是否有异常值都很有用。雷达图也可用于查看哪些变量在数据集内得分较高或较低，因此非常适合显示性能。同样，雷达图也常用于排名、评估、评论等数据的展示。

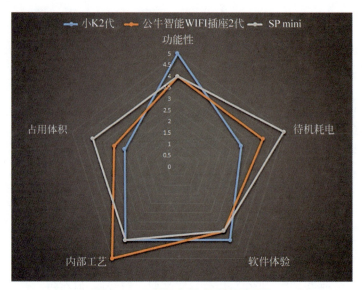

图 1-18　三款智能插座雷达图测评

11. 词云图

词云也称为"标签云"或"文字云",这个概念由美国西北大学新闻学副教授、新媒体专业主任里奇·戈登(Rich Gordon)提出,它是关键词的视觉化描述,用于汇总用户生成的标签或一个网站的文字内容(如图 1-19 所示)。标签一般是独立的词汇,常按字母顺序排列,其重要程度又能通过改变字体大小或颜色来表现,所以标签云可以灵活地依照字序或热门程度来检索一个标签。词云图过滤掉大量的文本信息,使浏览网页者只要一眼扫过文本就可以领略文本的主旨。

图 1-19　词云图示例

1.3　可视化的基本理论

数据可视化既是一门艺术，也是一门科学。有些人认为它是描述统计学的一个分支，但也有些人认为它是一个开发工具。互联网活动产生的数据量的增加和环境中传感器数量的增加被称为"大数据"和物联网。处理、分析和交流这些数据对数据可视化来说是道德和分析方面的挑战。数据可视化被许多学科视为与视觉传达含义相同的现代概念。它涉及数据可视化的创建和研究。为了清晰有效地传递信息，数据可视化使用统计图形、图表、信息图表和其他工具。可以使用点、线或条对数字数据进行编码，以便在视觉上传达定量信息。有效的可视化可以帮助用户分析和推理数据和证据。它使复杂的数据更容易理解和使用。

1.3.1　视觉感知

视觉感知是利用环境中的物体反射的可见光谱中的光来解释周围环境的能力。由此产生的感知也被称为视觉、视力。视觉中涉及的各种生理成分被统称为视觉系统，并且是语言学、心理学、认知科学、神经科学和分子生物学等统称为视觉科学的许多研究的焦点。视觉感知是人类大脑最主要的功能之一。眼睛是人体的视觉感知器官，它具备接收及分析视频与图像的高级能力，人脑功能的50%用于对视觉感知所得的信息进行处理。我们平时也能注意到视觉感知活动的重要性，例如，报刊、幻灯片、动态图、电影、展板等大量媒介手段都是利用了人类视觉感知的功能。数据可视化提供了直观的可视化界面，能让用户通过视觉感知器官获取经过可视编码的信息经过大脑解码并形成认知，在交互分析过程中洞悉信息的内涵。视觉感知是指客观事物通过人的视觉器官在人脑中形成的直接反映，人类只有通过"视觉感知"才能达到"视觉认知"。视觉感知是视觉的内在表象，它包括视觉低级和视觉高级两个不同的感知层次。视觉的低级感知层次与物体性质相关，包括深度、形状、边界、表面材质等；视觉高级感知层次包括对物体的识别和分类，属于人类的认知能力的重要组成部分。进一步的视觉感知就是视觉认知。视觉认知是把视觉感知的信息加以整合、解释并赋以有意义的心理活动，是关于如何理解和解释观察到的客观事物的过程。视觉认知过程是先由眼睛接收信息，感知信息后再将感知转换为知觉，然后进行知觉的整合。"视觉感知"是"视觉认知"的前提。视觉认知过程中还会受到记忆、理解、判断、推理等因素的影响。

感知能够解释通过不同感官从周围环境中获得的信息。这种解释信息的能力取决于特定认知过程和经验。视觉感知可以被定义为解释眼睛接收的信息的能力。这种信息被大脑解释和接收的结果就是所谓的视觉感知、视觉或视觉。视觉感知是一个从眼睛开始的过程。

图像接收：光线到达瞳孔并激活视网膜中的受体细胞。

透射和基本处理：这些受体细胞产生的信号通过视神经传递到大脑。它首先通过视交叉（其中视神经交叉，使得从右视野接收的信息到达左半脑，从左视野接收的信息到右半脑），然后我们的眼睛接收的视觉信息被发送到枕叶的视觉皮质。

1.3.2 格式塔理论

格式塔学习理论是现代认知主义学习理论的先驱,20世纪初由德国心理学家韦特海墨(M.Wetheimer,1880—1943)、科勒(W.Kohler,1887—1967)和考夫卡(K.Koffka,1886—1941)在研究似动现象的基础上创立。格式塔理论的基本法则倾向于以规则、有序和可识别的方式来命名经验。这使我们能够在复杂而混乱的世界中创造意义。格式塔理论将帮助我们确定哪些设计元素在特定情况下最有效。例如,何时使用视觉层次结构、背景阴影、渐变以及如何对相似项目进行分组并区分不同的项目。这些心理学原理具有影响我们视觉感知的能力,使设计师能够将注意力集中在特定的焦点上,让我们采取具体行动,并创造行为改变。借助格式塔理论可以设计出能够解决客户问题或以美观、悦目和直观的方式满足用户需求的产品。

1. 格式塔体系特征

格式塔体系的关键特征是整体性、具体化、稳定性和恒常性。

1) 整体性

整体性(integrity)的论据可见于"狗图片"的知觉,图片表现一条达尔马提亚狗在树荫下的地面上嗅,如图1-20所示。对狗的认知并不是首先确定它的各部分(脚、耳朵、鼻子、尾巴等),并从这些组成部分来推断这是一条狗,而是立刻就将狗作为一个整体来认知。

图1-20 "狗图片"

2) 具体化

具体化(reification)是知觉的"建设性的"或"生成性的"方面,这种知觉经验,比起其所基于的感觉刺激,包括了更多外在的空间信息。例如,图1-21(a)可以被知觉为三角形,尽管在事实上并未画三角形。图1-21(c)可以被视为三维球体,事实上也没有画三维球体。

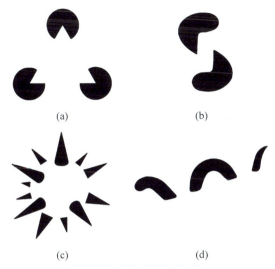

图 1-21　具体化特征示例

3）稳定性

稳定性（multistability）或稳定性知觉（multistability perception）是趋势模糊知觉经验不稳定地在两个或两个以上不同解释之间往返。例如图 1-22 所示"内克尔立方体"和"鲁宾图/花瓶幻觉"。

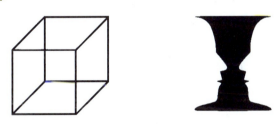

图 1-22　稳定性特征示例

4）恒常性

恒常性（invariance）知觉认可的简单几何组件，形成独立的旋转、平移、大小以及其他一些变化（如弹性变形，不同的灯光和不同的组件功能）。例如图 1-23(a)所示各图都立即确认为相同的基本形式，立即有别于图 1-23(b)的形式。在弹性变形的图 1-23(c)，描绘时使用不同的图形元素，如图 1-23(d)所示各类。产生"具体化""多重稳定性""恒常性"和"不可分模块单独进行建模"，它们是不同方面的统一机制。

2. 格式塔原则

格式塔学派最基本的原则包含闭合律、相似律、接近律、连续律。

1）闭合律

视觉系统自动尝试将敞开的图形关闭起来，从而将其感知为完整的物体而不是分散的碎片。也就是说当图形是一个残缺图形，但主体有一种使其闭合的倾向，即主体能自行填补缺口

图 1-23　恒常性特征示例

而把其感知为一个整体。我们的视觉系统强烈倾向于看到物体,以至于它能将一个空白区解析成一个物体,所以我们看到图 1-24 所呈现的是一个圆和一个长方形而非多条线段。

图 1-24　闭合律示例

2）相似律

如果其他因素相同,那么相似的物体看起来归属于一组。例如,图 1-25 中每个圆点纵横距离相同,但用户会惯性把外形相同的空心圆看成一组,把实心圆看成另一组。

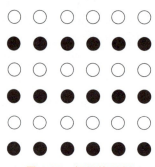

图 1-25　相似律示例

观察图 1-26 Tumblr 是如何应用相似性原则的。不同图标代表了发布博客的不同方式，可以看到每个图标下都有文字说明。图标的大小、文字说明的字体以及大小均分别相同；每个图标都被均匀地分布在了空间内。用户知道这些图标都可以发布博客，也清楚地知道每个图标代表的不同意义，能满足他们不同的需要。

图 1-26　Tumblr 轻博客界面利用相似律

3）接近律

接近律说的是物体之间的相对距离会影响我们感知它是否以及如何组织在一起。互相靠近（相对于其他物体）的物体看起来属于一组，而那些距离较远的则自动划为组外。

如图 1-27 所示，左图中的圆相互之间在水平方向比垂直距离近，那么我们看到了四排圆点，右图则看成四列。

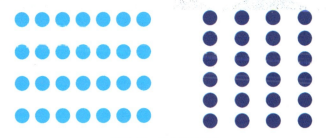

图 1-27　接近律示例

图 1-28 中上下两图截自不同财经类网站的索引模块，第一幅图中虽然以红色重点标

图 1-28　财经网站利用接近律的界面设计

注分类字段,但人们视觉还是会习惯性以列为分组,与实际所展现出的以行为组的排列相斥,用户阅读时引起不必要的视错觉。同样的内容,第二幅图的排列方式做到了视觉与内容分组统一,对用户来说查找内容时更直观。

4）连续律

视觉倾向于感知连续的形式而不是离散的碎片。图 1-29 中左图是两把交叉的钥匙,尽管它们互相遮挡,我们仍然可以识别出来;那么右图是一些零散的蓝色线条还是 IBM 三个字母? 当然是三个字母。人们的视觉会有意识地组织零散碎片从而形成整体。

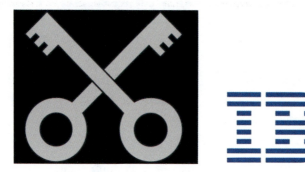

图 1-29　连续律示例

1.3.3　设计基础

1. 可见光

可见光通常指的是人类眼睛可以看见的电磁波,视知觉就是对于可见光的知觉。可见光只是电磁波谱上的某一段频谱,一般定义为波长为 400~700nm 的电磁波,也就是波长比紫外线长、比红外线短的电磁波。不同资料来源定义的可见光的波长范围也有不同,较窄的为 420~680nm,较宽的为 380~800nm。而有些非可见光也可以被称为光,如紫外光、红外光、X 光。

2. RGB 与 CMYK

三原色光模式(RGB color model),又称 RGB 颜色模型或红绿蓝颜色模型,是一种加色模型,将红(Red)、绿(Green)、蓝(Blue)三原色的色光以不同的比例相加,以合成产生各种色彩光(如图 1-30 所示)。RGB 颜色模型的主要目的是在电子系统中检测、表示和显示图像,比如电视和电脑,利用大脑强制视觉生理模糊化(失焦),将红绿蓝三原色子像素合成为一色彩像素,产生感知色彩。其实此真彩色并非加色法所产生的合成色彩,原因为该三原色光从来没有重叠在一起,只是人类为了"想"看到色彩,大脑强制眼睛失焦而形成。情况其实就有点像看立体图时,大脑与眼睛协作才能看到。红绿蓝颜色模型在传统摄影中也有应用。在电子时代之前,基于人类对颜色的感知,RGB 颜色模型就已经有了坚实的理论支撑。

图 1-30　RGB 图

RGB 依赖于设备的颜色空间：不同设备对特定 RGB 值的检测和重现都不一样，因为颜色物质（荧光剂或者染料）以及它们对红、绿和蓝的单独响应水平随着制造商的不同而不同，甚至是同样的设备在不同的时间也不同。

CMYK 色彩模式（印刷四分色模式）包含青色、洋红色、黄色和黑色，这些颜色的组合产生了一系列色调（如图 1-31 所示）。这种四色处理模式适用于各种类型的印刷机。当把印刷图片放大时，将会看到四种颜色点叠加在一起，产生不同的色调和渐变。解析度（dpi）就是使用 CMYK 色彩模式印刷的结果。尽管所有的印刷机都是以 CMYK 印制，但效果可能因印刷机的款式和型号不同而异。在 RGB 色彩空间中，所有的原色用加色法调配在一起产生白色。CMYK 模式用减色法调配颜色，也就是把所有的原色用黑色遮盖来产生黑色调。油墨和染料的相互叠加，会减去纸中的黑色。CMYK 色彩模式产生的色域比 RGB 色彩模式更小，因此只有在设计印刷品时才会使用到此色彩模式。

主要色彩模式 RGB 和 CMYK 以不同的处理方式展示颜色，这会影响你在设计中可使用的整体颜色范围。RGB 色彩模式可以展示更鲜明的色调，而 CMYK 色彩模式则无法复制出相似的色值。特别色和印刷色也会影响设计中使用的颜色；这些色彩系统之间可用的色域是截然不同的。印刷时，特别色显得更强烈和均匀，而印刷色是使用 CMYK 点制成的，因此色彩范围有限。

 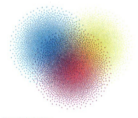

图 1-31　CMYK 图

3. 颜色要素

挑选衣服、用品，选择图表的颜色，人随时随地都在选色，即使是不自觉地（如图 1-32 所示）。通常选色是本能的，但事实上其背后有一套称为色彩理论的科学。色彩理论阐述了各种颜色之间的相互关联，以及将颜色融入多种配色法时产生的视觉效果。色彩理论的一个分支是探索色彩和情感的色彩心理学。在探讨色彩理论的本质之前，让我们先来了解一些基本术语。

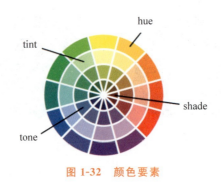

图 1-32　颜色要素

1）基本术语

色相（hue）指的是如图 1-33 色轮所示的纯饱和色。

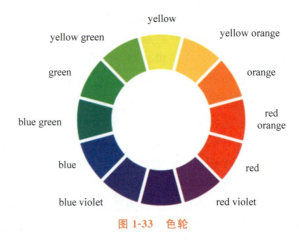

图 1-33　色轮

浅色（tint）是将单一色相融入白色元素，使其变亮或去饱和度而成。淡化后的颜色通常比饱和的颜色更平静。

色调（tone）是在一个色相中加入灰色，使整体色度变暗而成。

色度（shade）是将不等比例的黑色加入单一色调而成，以调配出更暗的色相。

饱和度（saturation）指的是一个颜色的总体强度或色度。一个纯色相会比其浅色或色调更饱和。

色值（value）指的是一个颜色的整体亮度或暗度。浅色相的色值比深色相的色值更高。

2）色轮

色轮是一种说明图示，用圆圈显示 12 种颜色，用于表示每种颜色之间的相互关系。在色轮中相对排列的两色为互补色。而相邻的颜色则具有相近的特性，通常很适合作配色。

（1）原色（primary colors）

原色是原始的颜色，由红色、黄色和蓝色组成。无法混合其他颜色来调配出这些颜色。这个强大的三原色塑造了我们所知的色彩理论的基础。这三种色素是广泛的颜色范围（又称色域）的基石。把这些颜色调配在一起时，就会产生二次色和三次色以及介于两者中间的所有色相。

图 1-34　原色

（2）二次色（secondary colors）

二次色是由两种不同的原色等比例调配而成的颜色（如图 1-35 所示）。黄色和蓝色混合就会创造出绿色，黄色和红色混合就会创造出橙色，而蓝色和红色混合创造出的是紫色。在色轮上，二次色会介于用来创造它的两种原色的中间并与之等距。二次色以三个颜色为一组，形成一个颠倒的等边三角形。

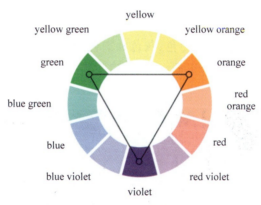

图 1-35　二次色

（3）三次色（tertiary colors）

三次色是透过混合相邻的原色和二次色调配而成（如图 1-35 所示）。举个例子，把一个原色（如黄色）和二次色（如绿色）混合就会创造出黄绿色。每种三次色的名称都是以相邻的原色加上相邻的二次色命名。不会看到绿黄色这个色名，只会看到黄绿色。

3）配色

使用色轮可以制作任何配色或组合，但有些配色会比其他配色更美观。就像混合颜色来创造新的颜色一样，颜色搭配得好就可以创造出令人赏心悦目的组合。更多时候我们并不必花好几个小时尝试每种颜色组合来找到好看的配色，可以使用现成的配色来找到适合的组合。

(1) 单色配色法

单色配色法(monochromatic colors)是以单一颜色为焦点,通常透过混合一个色相的浅色、色调和色度作搭配变化(如图1-36所示)。这种配色表听起来可能很单调,但却提供了多元的色值,为构图增添趣味和多样性。这种配色方案非常多变,而且很美观。在设计中使用多种颜色通常会使观者眼花缭乱,并使设计的色调失去风采,但是单一色相的细微颜色变化有助于简化设计,使其不过于单调。

图1-36　单色配色

(2) 无彩配色法

缺乏色度和饱和度的颜色,如白色、灰色和黑色,都称为无彩色(achromatic colors)。许多艺术家偏好在无彩色的环境中创作,因为这些颜色能透过具张力的阴影和亮部直接地呈现色值(如图1-37所示)。

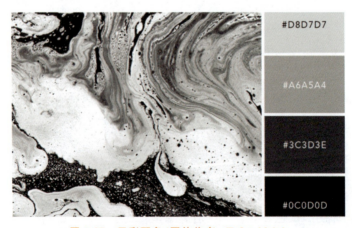

图1-37　无彩配色(图片作者:Tofutyklein)

(3) 相似色配色法

相似色(analogous colors)是在色轮上相邻的三色或四色的颜色组合。"analogous"(类似的)这个词的意思是"密切相关",因此这些颜色的搭配有着类似于单色配色的和谐美感。在为构图选择相似色组合时，最好只以一种色调为主，即冷色调或暖色调。挑一种主色，再用对应的相似色衬托。图 1-38 中极光的配色使得在色轮上相邻的两色，从绿色巧妙地渐变成蓝色。

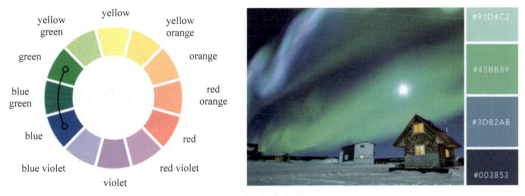

图 1-38　相似色配色（图片作者：Ken Phung）

（4）互补色配色法

互补色（complementary colors）是色轮上位置相对的两色；其中一色通常是原色，而另一色则为二次色。主要的互补色是蓝橙、红绿和黄紫。如图 1-39 所示，在构图中搭配互补色，以增加对比度和视觉强度。橙色柑橘类水果在浅蓝色背景的衬托下显得更鲜明。

图 1-39　互补色配色（图片作者：Casanisa）

（5）补色分割配色法

补色分割（split-complementary colors）的配色看起来有点类似互补色，但这种组合混合了一种颜色和其互补色相邻的两色，例如黄色与蓝紫色和红紫色的搭配。这种配色具有类似互补色的视觉魅力，但少了强度。带入相似色可以使得互补色的鲜明对比更柔和（如图 1-40 所示）。

（6）矩形配色法

互补色在本质上已经很强烈；双重互补色，又称矩形配色（tetradic colors）使用两组互补色让效果加倍（如图 1-41 所示）。矩形配色使用了往往难以调和的丰富色值，如黄色

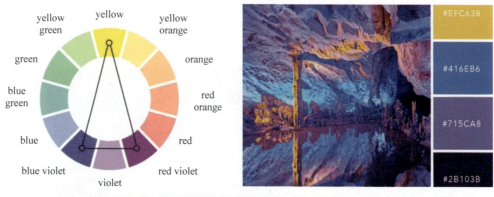

图 1-40 补色分割配色（图片作者：Maciej Bledowski）

和紫色搭配绿色和红色。选择一个主色，并降低其他颜色的饱和度或强度有助于维持构图的平衡。

图 1-41 矩形配色（图片作者：Leonori）

（7）三等分配色法

三等分配色（triadic colors）由三种颜色组成，这三种颜色在色轮上的位置彼此等距，形成如图 1-42 所示的等边三角形。三等分配色可包含三种原色、二次色或三次色。由黄色、蓝色和红色形成鲜明的三等分配色不容易取得平衡。选一个颜色作为亮点，就像图 1-42 中车子的黄色一样，再用其他三等分颜色做衬托，例如在车顶上的蓝色和红色海滩装备。在设计时要掌握一个很好的基本原则就是建立层次感。指定一种主色，然后点缀衬托色，而不让颜色相互争艳。

4）色彩与心理

色彩心理学着重于色彩的象征和意义，以及色彩及其搭配如何影响人类的情绪。色彩心理学的原则可以应用于各行各业，如帮助销售人员有效率地塑造品牌或帮助新屋主为饭厅选择适当的颜色。每种颜色都会唤起观者的特定情绪反应，塑造消费者对展示品整体设计的感知。在产品开发、行销和品牌推广方面，这种正面的品牌认知能影响消费者的购买决定并最终提高业绩。

图1-42 三等分配色(图片作者:Alphaspirit)

(1) 暖色调

暖色调如红色、橙色和黄色能刺激感官,并以其鲜明度引发愉悦感。这些色彩蕴藏了丰富的情感意义,但如果被用来当作构图的主色,一不小心就会令人眼花缭乱。暖色相的浅色、色调和色度是利器,因为它们有助于降低一个色相的饱和度而不削减其正面效果。

① 红色的意义

红色抢眼和活泼的特质能引起观者强烈的情绪反应。可用来提高食欲、兴奋度和焦虑感。餐厅常常会将红色融入品牌元素中,有助于增加食欲。有些品牌还会利用红色调散发刺激和冒险的感觉。红色是一种大胆而有力的色调,因此在与其他活力充沛的色调搭配使用时,需特别小心使用。过强的红色会削弱设计并激起错误的情绪,甚至有挑衅的意味。完全饱和的红色最好用于强调品牌元素的细节。当用作主色时,可利用浅色或色调使画面更柔和(如图1-43所示)。

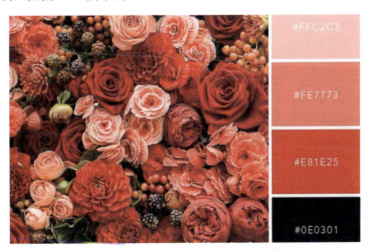

图1-43 红色配色(图片作者:Gilmanshin)

② 橙色的意义

橙色结合了红色的热情和黄色的轻快。明亮的橙色往往象征自信、随性和新的开始。在进行橙色配色时要小心。纯橙色搭配黑色会使人自然联想到万圣节。试着搭配蓝色调做对比互补,或者与相似色调黄色或红色混合来维持暖度,如图 1-44 所示的葡萄柚平铺图案。虽然橙色调通常会给人一种友善的气息,但品牌在使用这种色调时必须谨慎。利用橙色的浅色、色调和色度来降低其鲜明度,或选择较柔和的色系,如桃色、赤土色或杏黄色来增添几分优雅(如图 1-44 所示)。

图 1-44　橙色配色(图片作者:Zamurovic Photography)

③ 黄色的意义

当这种阳光色调以最纯粹的形式呈现时,可唤起温馨、愉悦和宁静的感受。抢眼的黄色调也是会立刻引人注目的颜色,通常用于警告、交通标志和安全背心。许多品牌会利用醒目的黄色来吸引顾客光顾他们的商店,使其成为零售商店的热门首选。黄色的配色不太好配;应尽量使用单色、相似色、补色分割或三等分色调做配色,才能搭配得好。图 1-45 所示的玛瑙质感素材轻松融入了浅黄色和黄色调,达到视觉上的美感。

图 1-45　黄色配色(图片作者:Gluiki)

(2) 冷色调

较冷的色调往往会给人平静和值得信赖的感受。蓝色调、绿色调、紫色调,甚至粉红色调往往更多变化;可作为主色或强调色整合入品牌元素中。尝试用冷色调的互补色来加强构图,或者运用暖色调来衬托冷色调。

① 绿色的意义

这种多样的色调通常与茂密的森林、富饶的丰收和繁荣有关,灌输人一种成长、安全和复苏的感受。绿色也是品牌和 LOGO 元素中常用的颜色。这种色调富含意义,使其成为永续和环保品牌、金融机构或连锁超市的理想首选。也因为绿色特别悦目,使其成为主色或强调色的理想首选。将绿色与单色、相似色或互补色做搭配就能轻松配出好看的配色。单色和相似色的组合,如下面的露珠或上面的极光,创造了一种平静和谐的配色。互补配色,如柔和的红色和绿色,在构图中搭配起来对比度特别好(如图 1-46 所示)。

图 1-46　绿色配色(图片作者：Flash Movie)

② 蓝色的意义

从蔚蓝的天空到耀眼的海洋,蓝色使人产生的联想大致是正面的。这种受欢迎的色调以其平静的本质象征着和平、可靠和忠诚。但是这种色调也有一些负面的含义,给人一种忧郁的印象,是抑郁的象征。蓝色调普遍受人喜爱,因此许多品牌都在他们的促销活动或 LOGO 中使用了蓝色调。那么,在茫茫的蓝色大海中该如何脱颖而出？善用特殊的颜色组合是吸引目光的好方法。蓝色搭配较暖的色调,如橙色或黄色,是一个很好的着眼点。不妨使用现成的互补色、三等分色或相似色的配色表来调配自己的配色。或者,如果选的构图较柔和,可将蓝色调和蓝色度与暖系强调色相结合,如图 1-47 所示的大理石纹理。

③ 紫色的意义

这种二次色将蓝色的稳定性与红色的能量结合在一起。紫色还具有重大的历史意义,它是皇帝和国王最爱用的颜色,创造了一种皇室和独家的气息。随着时代的变迁,颜色含义也跟着改变。如今,紫色通常用于象征和平与华丽。Pantone 2018 的年度代

图1-47　蓝色配色（图片作者：marbleszone.com）

表色"紫外光"（ultra violet）是一种带着乐观和神秘感的紫色调，看起来非常前卫。紫色的宁静和奢华魅力适用于提供奢侈品或提倡静谧环境的品牌，如瑜伽教室。使用纯紫色很容易让设计显得太夸张；不妨试着融入浅紫色和紫色调，如图1-48所示的时尚写真。将紫色与其互补色黄色搭配，形成鲜明对比，或与补色分割色搭配，形成更低调的对比效果。

图1-48　紫色配色（图片作者：Max Frost）

④ 粉红色的意义

一想到粉红色，一般人都会联想到娇柔、浪漫、亲密和轻松愉悦。但是就如同其他颜色，粉红色在不同的国家具有不同的文化含义；在日本，粉红色被视为男性化的象征；在韩国，则象征信任。在创意领域中了解颜色跨文化的蕴意是很重要的。粉红色这个颜色通常不太容易整合到构图中，但是当我们将粉红色单纯地视为一种浅红色时，就可以轻松利用色轮达到你要的效果。粉红色很适合与柔和的绿色调，以及相似色或单色配色做搭配（如图1-49所示）。

图 1-49　粉红色配色

1.4　练　　习

练习题

1. 什么是数据？
2. 信息和数据有什么区别与联系？
3. 数据表达的基本图形有哪些？
4. 格式塔理论的基本原则有哪些？

可视化编程基础

目前已经有许多数据可视化工具可以满足用户的各种可视化需求。本章首先介绍各种常用的可视化工具，接下来以 Python 为例进行详细的安装及应用讲解；并介绍可视化编程的必要知识，包括数据的来源及使用，为后续章节的数据可视化处理打好基础。

2.1 可视化工具简介

数据可视化工具大致分为入门级工具 Excel、信息图表工具 D3、Visually、Raphael、Flot、Echarts、Tableau，地图工具 Modest Maps、Leaflet、PolyMaps、Openlayers、Kartograph、QuanumGIs 和高级分析工具 Processing、NodeBox、R、Python、Weka 和 Gephi 等。

2.1.1 Excel

Excel 是微软公司办公软件 Office 家族的系列软件之一，该软件通过工作簿存储数据，可以进行各种数据的处理、统计分析和辅助决策操作，已经广泛地应用于管理、统计、金融等领域。Excel 是日常数据分析工作中最常用的工具，简单易用，用户通过简单的学习就可以轻松使用 Excel 提供的各种图表功能。尤其是在需要制作折线图、饼状图、柱状图、散点图等各种统计图表时，Excel 通常是普通用户的首选工具。Excel 2016 内置了 Power Query 插件、管理数据模型、预测工作表、Power Privot、Power View、Power MapExcel 等数据查询分析工具，缺点是在颜色、线条和样式上可选择的种类较为有限。

2.1.2 D3

D3.js 是最流行的可视化库之一，是一种数据操作类型的库（也可视其为插件），用于创建数据可视化图形。D3(Data-Driven Document)可以处理数字、数组、字符串或对象，也可以处理 JSON 和 GeoJSON 数据。D3 最擅长处理矢量图形（SVG 图或 GeoJSON 数据），能够提供除线性图和条形图之外的大量的复杂图表样式。

D3 操作数据文档的步骤如下。
① 把数据加载到浏览器的内存空间。
② 把数据绑定到文档中的元素，根据需要创建新元素。
③ 解析每个元素的范围资料（bound datum）并为其设置相应的可视化属性，实现元

素的变换(transforming)。

④ 响应用户输入,实现元素状态的过渡(transitioning)。

学习 D3 的过程,就是学习它如何进行加载、绑定数据、变换和过渡元素的语法过程。

2.1.3　Flot

Flot 是一套使用 JavaScript 编写的绘制图表函数库,专门用在网页上执行绘制图表功能。由于 Flot 是使用 jQuery 编写的,所以也称它为 jQuery Flot。它的特点是体积小、执行速度快、支持的图形种类多。除此之外,Flot 还有许多插件可供使用,用以补充 Flot 本身所没有的功能。Flot 在开发上容易上手,用户只需要写 20 行代码就可以绘制出一个简单的折线图。Flot 本身所提供的 API 文件很多,使用者也很多,在开发中碰到问题时只要到网络上搜索一下,几乎都可以找到解决的答案。目前 Flot 支持的图表类型有折线图、饼图、直条图、分区图、堆栈图等,也支持实时更新图表及 Ajax update 图表。

2.1.4　ECharts

ECharts 是一个免费的、功能强大的、可视化的库。用它可以非常简单地向软件产品中添加直观的、动态的和高度可定制化的图表。它是一个全新的基于 ZRender 的用纯 JavaScript 打造的 Canvas 库。ECharts 的特点如下。

① 非常丰富的图表类型。ECharts 不仅提供常见的如折线图、柱状图、散点图、饼图、K 线图等图表类型,还提供了用于地理数据可视化的地图、热力图、线图,用于关系数据可视化的关系图、树图,还有用于商业智能的漏斗图、仪表盘,并且支持图与图之间的混搭。

② 支持多个坐标系。如支持直角坐标系、极坐标系、地理坐标系。图表可以跨坐标系存在,例如,可以将折线图、柱状图、散点图等放在直角坐标系上,也可以放在极坐标系上,甚至可以放在地理坐标系中。

③ 支持在移动端进行交互优化。例如,支持在移动端小屏上用手指在坐标系中进行缩放、平移等操作。在 PC 端也可以用鼠标在图中进行缩放(用鼠标滚轮)、平移等操作。因此,它对 PC 端和移动端的兼容性和适应性很好。

④ 深度的交互式数据探索。ECharts 提供了 legend、visualMap、dataZoom、tooltip 等组件,增加了图表附带的漫游、选取等操作,提供了数据筛选、视图缩放、展示细节等功能。

⑤ 支持大数据量的展现。ECharts 对大数据的处理能力非常好,借助 Canvas 的功能,可在散点图中轻松展现上万甚至十万条的数据。

⑥ 支持多维数据以及视觉编码手段丰富。ECharts 除了具备平行坐标等常见的多维数据可视化工具外,还支持对传统的散点图等传入数据的多维化处理。配合视觉映射组件 visualMap 提供的丰富的视觉编码,可将不同维度的数据映射到颜色、大小、透明度、明暗度等不同的视觉效果上。

⑦ 支持动态数据。ECharts 以数据为驱动,它会找到两组数据之间的差异,然后通过合适的动画去表现数据的变化,再配合 timeline 组件就能够在更高的时间维度上去表

现数据的信息。

⑧ 特效绚丽。ECharts 针对线数据、点数据等地理数据的可视化提供了吸引观众眼球的特效,如模拟迁徙等。

2.1.5　Tableau

Tableau 是新一代商业智能工具软件,它将数据连接、运算、分析与图表结合在一起,各种数据容易操控,用户只需将大量数据拖放到"数字画布"上,就能快速地创建出各种图表。Tableau 的产品包括 Tableau Desktop、Tableau Server、Tableau Public Tableau Online 和 Tableau Reader 等,其中以 Tableau Desktop、Tableau Server、Tableau Reader 使用得最多。

Tableau Desktop 是一款桌面软件应用程序,分为个人版和专业版。Tableau Desktop 能连接许多数据源,如 Access、Excel 文本文件 DB2、MS SQL Server、Sybase 等,在获取数据源中的各类结构化数据后,Tableau Desktop 可以通过拖放式界面快速地生成各种美观的图表、坐标图、仪表盘与报告,并允许用户以自定义的方式设置视图、布局、形状、颜色等,从而通过各种视角来展现业务领域的数据及其内在关系。

Tableau Server 是一款企业智能化应用软件,该软件基于浏览器提供数据的分析和图表的生成等功能。通过 Web 浏览器的发布方式,Tableau Server 将 Tableau Desktop 中最新的交互式数据转换为可视化内容,使仪表盘、报告与工作簿的共享变得迅速、简便。使用者可以将 Tableau 视图嵌入其他 Web 应用程序中,灵活、方便地生成各类报告。同时,利用 Web 发布技术,Tableau Server 还支持 iOS 或 Android 移动应用端数据的交互、过滤、排序与自定义视图等功能。

Tableau Reader 是一款免费的应用软件,可打开用 Tableau Desktop 创建的报表、视图、仪表盘文件等。在分享 Tableau Desktop 数据分析结果的同时,Tableau Reader 可以进一步对工作簿中的数据进行过滤、筛选和检测。

2.1.6　PolyMaps

地图工具在数据可视化中较为常见,它在展现数据基于空间或地理分布上具有很强的表现力,可以直观地展现各分析指标的分布、区域等特征。当指标数据要表达的主题与地域有关联时,就可以选择以地图作为大背景,从而帮助用户更加直观地了解数据的整体情况,同时也可以根据地理位置快速地定位到某一地区来查看详细数据。

PolyMaps 可同时使用位图和 SVG 矢量地图,为地图提供了多级缩放数据集,并且支持矢量数据的多种视觉表现形式。

2.1.7　Modest Maps

Modest Maps 是一个可扩展的交互式免费库,它提供了一套查看卫星地图的 API,是目前最小的地图库。Modest Maps 是一个开源项目,有强大的社区支持,是网站中整合地图应用的理想选择。Modest Maps 支持很多功能强大的扩展库。

2.1.8　Processing

Processing是一种适合设计师和数据艺术家的开源语言,它具有语法简单、操作便捷的特点。Processing开发环境(PDE)包括一个简单的文本编辑器、一个消息区、一个文本控制台、管理文件的标签、工具栏按钮和菜单,使用者可以在文本编辑器中编写自己的代码,这些程序称为草图(Sketch),然后单击"运行"按钮即可运行程序。在Processing中,程序设计默认采用Java语言,当然也可以采用其他的语言,如Python等。在数据可视化方面,Processing不仅可以绘制二维图形,还可以绘制三维图形。除此之外,为了扩展其核心功能,Processing还包含许多库和工具,支持播放声音、计算机视觉、三维几何造型等。

2.1.9　R

R是属于GNU系统的一个免费、开源的软件,是一套完整的数据处理、计算和制图软件系统。其功能包括:数据存储和处理系统;数组运算工具(其向量、矩阵运算方面功能尤其强大);完整连贯的统计分析工具;优秀的统计制图功能;简便而强大的编程语言:可操纵数据的输入和输出,可实现分支、循环,用户可自定义功能。

R语言的使用,在很大程度上也是借助各种各样的R包的辅助,从某种程度上讲,R包是针对R的插件,不同的插件可满足不同的需求,如经济计量、财经分析、人文科学研究以及人工智能等。

2.1.10　Python

Python是一种面向对象的解释型计算机程序设计语言,目前已成为最受欢迎的程序设计语言之一。Python具有简单、易学、免费开源、可移植性好、可扩展性强等特点。在国内外用Python做科学计算的研究机构日益增多,一些知名大学已经采用Python来教授程序设计课程。众多开源的科学计算软件包都提供了Python的调用接口,例如,著名的计算机视觉库OpenCV、三维可视化库VTK、医学图像处理库IT。而Python专用的科学计算扩展库就更多了,例如,十分经典的科学计算扩展库:NumPy、Pandas、SciPy、matplotlib、Pyecharts,它们为Python提供了快速数组处理、数值运算以及绘图功能。因此,Python语言及其众多的扩展库所构成的开发环境十分适合工程技术和科研人员处理实验数据、制作图表,甚至是开发科学计算应用程序。

2.1.11　Gephi

Gephi是网络分析领域的数据可视化处理软件。它是一款信息数据可视化利器,开发者对它的定位是"数据可视化领域的Photoshop"。Gephi可用作探索性数据分析、链接分析、社交网络分析、生物网络分析等。虽然它比较复杂,但可以生成非常吸引人们眼球的可视化图形。

下面我们将以Python为例进行详细的安装及应用讲解。

2.2 准备工作

前置软件要求安装官方 Python 3 或包含 Python 3 的 Anaconda 之一即可。官方 Python 包含了核心的模块和库,为了完成其他任务,需要安装其他的模块和库,而模块和库的管理需要安装 pip 来进行。Anaconda 将 Python 和许多与科学计算相关的库捆绑在一起,形成了一个方便的科学计算环境,安装了 Ananconda 就相当于安装了 Python 外加这些模块和库。当然 Anaconda 主要的功能还在于用户可以方便进行环境管理。

下面以 Anaconda 为基础进行环境搭建。

2.2.1 Anaconda 的安装

登录 Anaconda 官方网站下载安装软件,请根据所使用的操作系统选择对应版本的 Anaconda(如图 2-1 所示)。

图 2-1 下载 Anaconda

进入安装界面,单击 Next 按钮(如图 2-2 所示)。

同意使用条款,单击 I Agree 按钮(如图 2-3 所示)。

若选择仅为当前用户安装,安装路径默认为 C 盘用户文件夹下,方便在后续配置 PyCharm 中为 Python 环境选择路径;若选择为全部用户安装,需要管理员权限,安装路径默认为 C 盘根目录下为隐藏属性的 Program Data 文件夹;单击 Next 按钮(如图 2-4 所示)。

第 2 章　可视化编程基础

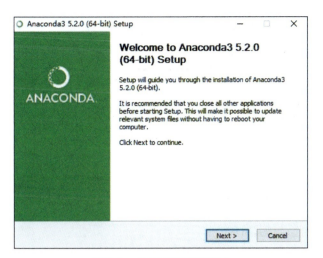

图 2-2　Anaconda 的安装 1

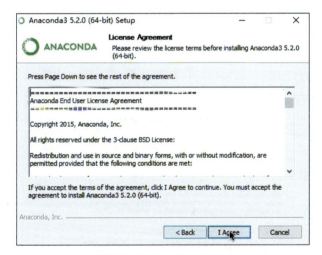

图 2-3　Anaconda 的安装 2

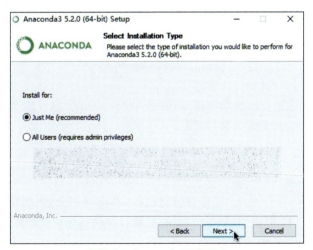

图 2-4　Anaconda 的安装 3

选择安装路径，建议使用默认路径，单击 Next 按钮（如图 2-5 所示）。

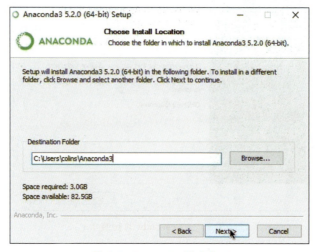

图 2-5　Anaconda 的安装 4

在选择额外安装选项的页面可以勾选"将 Anaconda 添加到我的 PATH 环境变量"和"注册 Anaconda 作为我的默认 Python3 环境"复选框；单击 Install 按钮（如图 2-6 所示）。

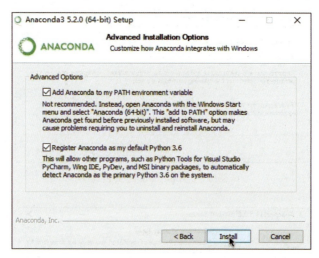

图 2-6　Anaconda 的安装 5

在完成安装后，可能会出现如下提示（某些 Anaconda 版本可能会不弹出），可选安装微软 VSCode，也可 Skip 完成安装（如图 2-7 所示）。

```
C:\Users\30683>conda --version
conda 4.5.4
```

如果是 Windows 操作系统，需要去控制面板\系统和安全\系统\高级系统设置\环境变量\用户变量\PATH 中添加 Anaconda 的安装目录 Scripts 文件夹。

查看 Anaconda 方式如下。

图 2-7　Anaconda 的安装 6

如果输出 conda 版本即说明环境变量设置成功。为了避免可能发生的错误，在命令行输入 conda upgrade --all 将所有工具包进行升级。升级过程中会要求输入是否继续，请输入"y"。

安装完成后，启动 CMD，在命令行中输入"python"命令，检测 Python 环境，有提示"Anaconda，Inc."则表示 Anaconda 环境配置完成。

Activate 命令能将用户引入 Anaconda 设定的虚拟环境中，如果后面什么参数都不加那么会进入 Anaconda 自带的 base 环境，可以通过 python --version 查看 Python 版本。

2.2.2 PyCharm 的安装

进入安装界面,如图 2-8 所示。

图 2-8　PyCharm 的安装(1)

建议选择默认安装路径,单击 Next 按钮,如图 2-9 所示。

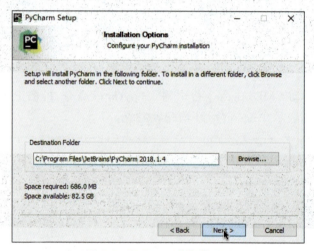

图 2-9　PyCharm 的安装(2)

可选是否添加到桌面快捷方式;可选是否设为.py 文件默认打开方式;单击 Next 按钮,如图 2-10 所示。

添加到开始菜单,单击 Install 按钮,如图 2-11 所示。

安装完成,单击 Finish 按钮,如图 2-12 所示。

配置 Python 解释器:选择 Conda Environment(选择项目)/Exsisting environment(点击单选框)/Select Python Interpreter(点击路径按钮);选择 Anaconda 的安装路径下的 python.exe 文件;单击 OK 按钮;等待导入完毕,如图 2-13 所示。

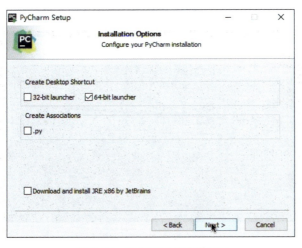

图 2-10　PyCharm 的安装（3）

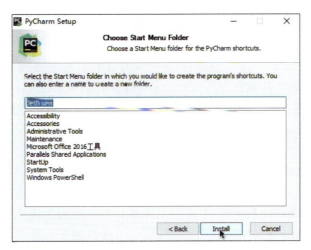

图 2-11　PyCharm 的安装（4）

图 2-12　PyCharm 的安装（5）

图 2-13　配置 PyCharm 解释器

2.3　数　据　源

数据是可视化的基础。没有数据,可视化无从谈起。那么从哪里可以获得数据呢?从数据格式上看,得到的数据可能是一个文本文件、一张 Excel 表格,也许是一个网页,需要我们把数据抽取出来。下面让我们来了解一下数据源获取的几种方式。

2.3.1　客户提供数据源

客户提供的数据源可靠性较高,一般不存在数据质量比较差的情况,而且都是客户需要的有价值的数据。如果我们受委托于某公司对数据进行分析和可视化,这种情况比较常见,客户具有大量丰富的数据源,但并不太清楚数据背后的含义。当然,这是一件很好的事情,因为有人替我们已经收集好了数据,但是尽管数据来自客户,但仍然不能掉以轻心,重复数据、无意义数据也常常存在,需要我们小心处理。

2.3.2　自己爬取数据

以爬虫方式获取数据,可以爬取自己想要的内容,针对性很强。然而,除了要求一定的技术要求外,爬虫可能引发的问题也不容忽视,例如性能骚扰、法律风险、隐私泄露等。

① 网络爬虫的"性能骚扰":Web 服务器默认接受人类访问,受限于编程水平和目的,网络爬虫将会为 Web 服务器带来巨大的资源开销。

② 网络爬虫的法律风险:服务器上的数据有产权归属,网络爬虫获取数据后牟利将会带来法律的风险。

③ 网络爬虫的隐私泄露:网络爬虫可能具备突破简单访问的控制能力,获取被保护的数据,从而泄露个人隐私。

Robots 协议(爬虫协议、机器人协议)全称是"网络爬虫排除标准"(Robots Exclusion Protocol),网站通过 Robots 协议告诉搜索引擎哪些页面可以抓取,哪些页面不能抓取。Robots.txt 文件是一个文本文件,是搜索引擎中访问网站时要查看的第一个文件。Robots.

txt文件告诉爬虫程序什么文件是可以被爬取的。当一个爬虫程序访问一个站点时,它会首先检查该站点根目录下是否存在robots.txt,如果存在,爬虫程序应照该文件中的内容来确定访问的范围;如果该文件不存在,爬虫程序能够访问网站上所有没有被口令保护的页面。

Robots协议是国际互联网界通行的道德规范,基于以下原则建立。

① 搜索技术应服务于人类,同时尊重信息提供者的意愿,并维护其隐私权。

② 网站有义务保护其使用者的个人信息和隐私不被侵犯。

正所谓"盗亦有道",在编写爬虫程序时应自觉遵守爬虫协议,自觉维护良好的网络环境是每一位爬虫程序员的基本职业道德。

2.3.3 数据源资源

大数据可视化是一门如何展现数据价值的学科,需要大量的数据来增加实践经验。在学习过程中,可能我们仅仅需要的是一份数据集帮助我们来实现可视化的想法,这时开放的数据源是最好的选择,既不需要第三方提供专业的数据集,也不需要预先学习爬虫技术爬取数据,一份数据源足够满足我们的需要。然而日常生活中,个人很难产生大量数据用来练习,幸运的是目前互联网上有许多数据竞赛平台,我们可以免费获得大量的数据。下面介绍几种常见易得的数据源资源。

1. 阿里天池

阿里的算法实力和业内影响力广为人知,依托于阿里云创新中心,在阿里天池进行了多次全国比赛。在天池大数据竞赛平台上,国内算法专家云集。除了参加进行中的比赛,我们可以使用一些阿里提供的免费计算资源来实现自己的想法。同时在"技术圈"这个栏目里,有很多历届比赛中积累下的丰富资料和经验也可以供我们学习(如图2-14所示)。

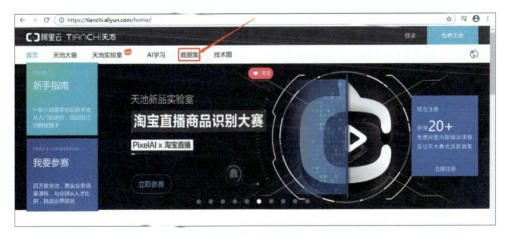

图2-14 阿里天池

2. Kaggle

Kaggle是一个数据建模和数据分析竞赛平台(如图2-15所示)。企业和研究者可在其上发布数据，统计学者和数据挖掘专家可在其上进行竞赛以产生最好的模型。这一众包模式依赖于这一事实，即有众多策略可以用于解决几乎所有预测建模的问题，而研究者不可能在一开始就了解什么方法对于特定问题是最为有效的。Kaggle 的目标则是试图通过众包的形式来解决这一难题，进而使数据科学成为一场运动。2017 年 3 月 8 日，谷歌官方博客宣布收购 Kaggle。Kaggle 平台内容丰富，但由于是国外的网站，网页加载速度比较慢，而且没有中文页面，对于英语基础比较差的用户不太友好。在使用 Kaggle 的过程中，一些比赛的冠军团队一般会把思路和代码分享在这里。

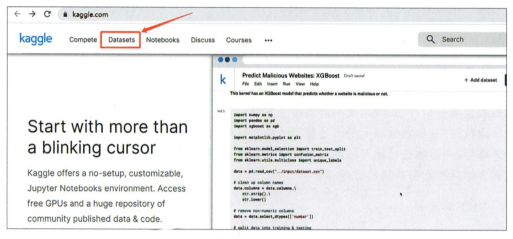

图 2-15　Kaggle

3. 和鲸社区

和鲸社区（Kesci.com，原名科赛网）是聚合数据人才和行业问题的在线社区（如图 2-16 所示）。和鲸社区打造的 K-Lab 在线数据分析协作平台，为数据工作者的学习与工作带来全新的体验。拥有超过 60000＋数据科学家与 AI 开发工程师用户，是中国 AI 与数据科学

图 2-16　和鲸社区

领域人才质量、数量、活跃度均有亮眼表现的社区之一。对初学者来说,只是想看看数据分析的流程,这里也有一些教程和项目,可以一边学习一边实践。

2.4 数据存储

大数据存储利用的是分布式存储与访问技术,它具有高效、容错性强等特点。分布式存储技术与数据存储介质的类型和数据的组织与管理形式有关。目前,主要的数据存储介质类型包括机械硬盘、固态硬盘、U 盘、光盘、闪存卡等,主要的数据组织形式包括按行组织、按列组织、键值组织和关系组织,主要的数据组织管理层次包括按块级、文件级及数据库级组织管理等。不同的存储介质和组织管理形式对应不同的大数据特征和应用场景。

1. 分布式文件系统

分布式文件系统是指文件在物理上可能被分散存储在不同地点的节点上,各节点通过计算机网络进行通信和数据传输,但在逻辑上仍然是一个完整的文件。用户在使用分布式文件系统时,无须知道数据存储在哪个具体的节点上,只需像操作本地文件系统一样进行管理和存储数据即可。常用的分布式文件系统有 Hadoop 分布式文件系统(HDFS)、Google 分布式文件系统(GFS)、Kosmos 分布式文件系统(KFS)等。常用的分布式内存文件系统有 Tachyon 等。

2. 文档存储

文档存储支持对结构化数据的访问,一般以键值对的方式进行存储。文档存储模型支持嵌套结构。例如,文档存储模型支持 XML 和 JSON 文档,字段的"值"又可以嵌套存储其他文档。MongoDB 数据库通过支持在查询中指定 JSON 字段路径实现类似的功能。文档存储模型也支持数组和列值键。主流的文档数据库有 MongoDB、CouchDB、Terrastore、RavenDB 等。

3. 列式存储

列式存储是指以流的方式在列中存储所有的数据。列式数据库把一列中的数据值串在一起存储,然后再存储下一列的数据,以此类推。列式数据库由于查询时需要读取的数据块少,所以查询速度快。因为同一类型的列存储在一起,所以数据压缩比高,简化了数据建模的复杂性,但它是按列存储的,插入更新的速度比较慢,不太适合用于数据频繁变化的数据库。它适合用于决策支持系统、数据集市、数据仓库,不适合用于联机事务处理(On_Line Transaction Processing,OLTP)。使用列式存储的数据库产品,有传统的数据仓库产品,如 Sybase IQ、InfiniDB、Vertica 等;也有开源的数据库产品,如 Hadoop HBase、Infobright 等。

4. 键值存储

键值存储(Key-Value 存储,KV 存储)是 NoSQL 存储的一种方式。它的数据按照键值对的形式进行组织、索引和存储。键值存储能有效地减少读写磁盘的次数,比 SQL 数据库存储拥有更好的读写性能。键值存储实际是分布式表格系统的一种。主流的键值数据库产品有 Redis、Apache Cassandra Google Bigtable。

5. 图形数据库

当事物与事物之间呈现复杂的网络关系时,最常见例子就是社会网络中人与人之间的关系,用关系型数据库存储这种"关系型"数据的效果并不好,其查询复杂、缓慢,并超出预期,而图形数据库的出现则弥补了这个缺陷。图形数据库是 NoSQL 数据库的一种类型,是一种非关系型数据库,它应用图形理论存储实体之间的关系信息。图形数据库采用不同的技术,很好地满足了图形数据的查询、遍历、求最短路径等需求。在图形数据库领域,有不同的图模型来映射这些网络关系,可用于对真实世界的各种对象进行建模,如社交图谱可用于反映事物之间的相互关系。主流的图形数据库有 Google Pregel、Neo4j、Infinite Graph、DEX、InfoGrid、HyperGraphDB 等。

6. 关系数据库

关系模型是最传统的数据存储模型,数据按行存储在有架构界定的表中。表中的每个列都有名称和类型,表中的所有记录都要符合表的定义。用户可使用基于关系代数演算的结构化查询语言(Structured Query Language,SQL)提供的相应语法查找符合条件的记录,通过表连接在多表之间查询记录,表中的记录可以被创建和删除,记录中的字段也可以单独更新。关系模型数据库通常提供事务处理机制,可以进行多条记录的自动化处理。在编程语言中,表可以被视为数组、记录列表或者结构。目前,关系型数据库也进行了改进,支持如分布式集群、列式存储,支持 XML、JSON 等数据的存储。

7. 内存数据库

内存数据库(Main Memory Database,MMDB)就是将数据放在内存中直接操作的数据库。相对于磁盘数据,内存数据的读写速度要高出几个数量级。MMDB 的最大特点是其数据常驻内存,即活动事务只与实时内存数据库的内存数据"打交道",所处理的数据通常是"短暂"的,有一定的有效时间,过时则有新的数据产生。所以,实际应用中采用内存数据库来处理实时性强的业务逻辑。内存数据库产品有 Oracle TimesTen、eXtremeDB、Redis、Memcached 等。

8. 数据仓库

数据仓库(Data Warehouse)是一种特殊的数据库,一般用于存储海量数据,并直接支持后续的分析和决策操作。数据仓库是一个面向主题的、集成的、相对稳定的、反映历史变化的数据集合,用于支持管理决策。对于数据仓库,我们可以从两个层次来理解。首先,数据仓库用于支持决策,面向分析型数据处理,它不同于企业现有的操作型数据库;其次,数据仓库是对多个异构的数据源有效集成,集成后按照主题进行了重组,并包含历史数据,存放在数据仓库中的数据一般不会再修改。企业数据仓库的建设,是以现有企业业务系统和大量业务数据的积累为基础。数据仓库不是静态的概念,只有及时提交数据,供使用者做出经营决策,数据才有意义,信息才能发挥作用。数据仓库的建设是一项系统工程。

2.5 数据处理

在大数据时代,由于数据的来源非常广泛,数据类型和格式存在差异,并且这些数据中的大部分是有噪声的、不完整的,甚至存在错误。因此,在对数据进行分析与挖掘前,需要对数据质量进行评估及相关预处理。数据预处理的目的是提升数据质量,使得后续的数据处理、分析、可视化过程更加容易、有效。

2.5.1 数据质量

数据的质量对数据的价值大小有直接影响,低质量数据将导致低质的分析和挖掘结果。数据质量具有如下特性。

① 有效性:数据与实际情况对应时,是否违背约束条件。
② 准确性:数据能否准确地反映现实。
③ 完整性:采集的数据集是否包含了数据源中的所有数据点,且每个样本的属性都是完整的。
④ 一致性:整个数据集中的数据的衡量标准要一致。
⑤ 时效性:数据适合当下时间区间内的分析任务。
⑥ 可信性:数据源中的数据是使用者可依赖的。

2.5.2 数据预处理

大数据系统中的数据通常具有一个或多个数据源,这些数据源可以包括同构/异构的数据库、文件系统、服务接口等。这些数据库中的数据来源于现实世界,容易受到噪声数据、数据值缺失与数据冲突等的影响。此外,数据处理、分析、可视化过程中的算法与实现技术复杂多样,往往需要对数据的组织、数据的表达形式、数据的位置等进行一些前置处理。数据预处理的引入,将有助于提升数据质量,并使得后继数据处理、分析、可视化过程更加容易、有效,有利于获得更好的用户体验。数据预处理形式上包括数据清理、数据集成、数据归约与数据转换等阶段。

数据清理技术包括数据不一致性检测技术、脏数据识别技术、数据过滤技术、数据修正技术、数据噪声的识别与平滑技术等。

数据集成把来自多个数据源的数据进行集成,缩短数据之间的物理距离,形成一个集中统一的数据库、数据立方体、数据宽表与文件等。

数据归约技术可以在不损害挖掘结果准确性的前提下,降低数据集的规模,得到简化的数据集。归约策略与技术包括维归约技术、数值归约技术、数据抽样技术等。

经过数据转换处理,数据被变换或统一。数据转换不仅简化处理与分析过程、提升时效性,也使得分析挖掘的模式更容易被理解。数据转换处理技术包括基于规则或元数据的转换技术、基于模型和学习的转换技术等。

数据预处理步骤如下。

① 数据清理:修正数据中的错误、识别脏数据、更正不一致数据的过程。其中涉及的技术有不一致性检测技术、脏数据识别技术、数据过滤技术、数据修正技术、数据噪声的识别与平滑技术等。

② 数据集成:把来自不同数据源的同类数据进行合并,减少数据冲突,降低数据冗余程度等。

③ 数据归约:在保证数据挖掘结果准确性的前提下,最大限度地精简数据量,得到简化的数据集。数据归约技术包括维归约技术、数值归约技术、数据抽样技术等。数据归约技术可以用于得到数据集的归约表示,它虽然小,但会保持原数据的完整性。因此,在归约后的数据集上进行挖掘也会产生相似的分析结果。

④ 数据转换:对数据进行规范化处理。数据转换处理技术包括基于规则或元数据的转换技术、基于模型和学习的转换技术等。

2.5.3 数据格式

不同的可视化工具支持不同的数据格式,所用到的数据结构也会根据用户的目的不同而不同。所以,数据的结构越灵活,带来的可能性就会越多。运用数据格式化工具,再加上一点编程技巧,我们就能为数据安排各种不同的格式、满足各种需求。最简单的办法当然是借助第三方的力量来做数据分析和格式化的工作,但并不是每一次我们都能获得这种借力。

数据格式的意义在于让数据可以被机器解读,也就是设置成计算机能够理解的格式。使用何种格式取决于用户的意图和所用的可视化工具,不过以下3种格式基本上可以满足所有需求:带分隔符的文本、JavaScript对象表示法(JavaScript Object Notation, JSON)和可扩展标记语言(eXtensible Markup Language)。

1. 带分隔符的文本

```
AT,V,AP,RH,PE
8.34,40.77,1010.84,90.01,480.48
23.64,58.49,1011.4,74.2,445.75
29.74,56.9,1007.15,41.91,438.76
19.07,49.69,1007.22,76.79,453.09
11.8,40.66,1017.13,97.2,464.43
13.97,39.16,1016.05,84.6,470.96
22.1,71.29,1008.2,75.38,442.35
14.47,41.76,1021.98,78.41,464
31.25,69.51,1010.25,36.83,428.77
```

图2-17 逗号分隔的数据文本

很多人都很熟悉带分隔符的文本,例如以逗号分隔的文本文件。如果把数据集看成是按行和列来分布,那么分隔符文本就是用分隔符来分开每一列。分隔符一般用的是英文逗号(半角字符),也可以是制表符Tab,或者是空格、英文分号、冒号、斜杠等任何你喜欢的字符。不过逗号和Tab是最常见的,例如图2-17所示。

分隔符文本应用广泛,可以被大多数电子表格程序阅读,例如Excel或者Google Documents。我们也可以把电子表格输出成分隔符文本。如果你要使用多个工作表格，通常就会有多个分隔符文件，除非特殊指定。这种格式也便于与其他人共享，因为它无须依赖于任何特定程序。

2. JavaScript 对象表示法

很多网页 APT 都适用于这种格式，它既能够让计算机理解，又便于人类阅读。不过如果你眼前的数据过多，盯太久可能会头晕目眩。该格式基于 JavaScript 表示法，但并不依赖于这种语言。JSON 中有许多规格说明，但只用掌握一些基础就能满足大部分需要。JSON 利用关键字和值，并且把数据条目作为对象来处理。如果我们把 JSON 数据转化成逗号分隔数据（Comma-Separated Value，CSV），那么每个对象都会占一行。有很多应用、语言和函数库都支持 JSON 输入（如图 2-18 所示）。

```
{"name": "肖申克的救赎/ The Shawshank Redemption", "info": "导演: 弗兰克·德拉邦特 Frank Darabont 主演: 蒂姆·罗宾斯 Tim Robbins /...1994 / 美国 / 犯罪 剧情", "rating": "9.7", "num": "1677137", "quote": "希望让人自由。", "img_url": "https://img3.doubanio.com/view/photo/s_ratio_poster/public/p480747492.jpg"}
{"name": "霸王别姬", "info": "导演: 陈凯歌 Kaige Chen 主演: 张国荣 Leslie Cheung / 张丰毅 Fengyi Zha...1993 / 中国 / 剧情 爱情", "rating": "9.6", "num": "1240029", "quote": "风华绝代。", "img_url": "https://img3.doubanio.com/view/photo/s_ratio_poster/public/p2561716440.jpg"}
{"name": "阿甘正传/ Forrest Gump", "info": "导演: 罗伯特·泽米吉斯 Robert Zemeckis 主演: 汤姆·汉克斯 Tom Hanks /...1994 / 美国 / 剧情 爱情", "rating": "9.5", "num": "1297579", "quote": "一部美国近现代史。", "img_url": "https://img3.doubanio.com/view/photo/s_ratio_poster/public/p2559011361.jpg"}
{"name": "这个杀手不太冷/ Léon", "info": "导演: 吕克·贝松 Luc Besson 主演: 让·雷诺 Jean Reno / 娜塔莉·波特曼 ...1994 / 法国 / 剧情 动作 犯罪", "rating": "9.4", "num": "1490757", "quote": "怪蜀黍和小萝莉不得不说的故事。", "img_url": "https://img3.doubanio.com/view/photo/s_ratio_poster/public/p511118051.jpg"}
{"name": "美丽人生/ La vita è bella", "info": "导演: 罗伯托·贝尼尼 Roberto Benigni 主演: 罗伯托·贝尼尼 Roberto Beni...1997 / 意大利 / 剧情 喜剧 爱情 战争", "rating": "9.
"758305", "quote": "最美的谎言。", "img_url": "https://img3.doubanio.com/view/photo/s_ratio_poster/public/p510861873.jpg"}
{"name": "泰坦尼克号/ Titanic", "info": "导演: 詹姆斯·卡梅隆 James Cameron 主演: 莱昂纳多·迪卡普里奥 Leonardo...1997 / 美国 / 剧情 爱情 灾难", "rating": "9.4", "num": "1235756", "quote": "最好的宫崎骏，最好的久石让。", "img_url": "https://img1.doubanio.com/view/photo/s_ratio_poster/public/p2557573348.jpg"}
{"name": "千与千寻/ 千と千尋の神隠し", "info": "导演: 宫崎骏 Hayao Miyazaki 主演: 柊瑠美 Rumi Hiragi / 入野自由 Miy...2001 / 日本 / 剧情 动画 奇幻", "rating": "9.3", "num": "1325419", "quote": "最好的宫崎骏，最好的久石让。", "img_url": "https://img1.doubanio.com/view/photo/s_ratio_poster/public/p2557573348.jpg"}
{"name": "辛德勒的名单/ Schindler's List", "info": "导演: 史蒂文·斯皮尔伯格 Steven Spielberg 主演: 连姆·尼森 Liam Neeson...1993 / 美国 / 剧情 历史 战争", "rating": "9.5", "num": "668831", "quote": "拯救一个人，就是拯救整个世界。", "img_url": "https://img3.doubanio.com/view/photo/s_ratio_poster/public/p492406163.jpg"}
{"name": "盗梦空间/ Inception", "info": "导演: 克里斯托弗·诺兰 Christopher Nolan 主演: 莱昂纳多·迪卡普里奥 Le...2010 / 美国 英国 / 剧情 科幻 悬疑 冒险", "rating": "9.3", "num": "1268802", "quote": "诺兰给了我们一场无法盗取的梦。", "img_url": "https://img3.doubanio.com/view/photo/s_ratio_poster/public/p513344864.jpg"}
{"name": "忠犬八公的故事/ Hachi: A Dog's Tale", "info": "导演: 莱塞·霍尔斯道姆 Lasse Hallström 主演: 理查·基尔 Richard Ger...2009 / 美国 英国 / 剧情", "rating": "9.3", "num": "857791", "quote": "永远都不能忘记你所爱的人。", "img_url": "https://img9.doubanio.com/view/photo/s_ratio_poster/public/p524964016.jpg"}
```

图 2-18　JSON 文件中的键值对示例

3. XML

XML（可扩展标记语言）是另一种互联网上的流行格式，常被用于在 API 间传递数据。XML 分为很多类型，规格说明也不少，但从最基本的层面来看，它就是一个文本文件，其中的值都封闭在各种标签之内。比如，人们用于订阅各种博客 RSS 的 feed 就是一个 XML 文件。目前的 RSS 列表中，数据条目都被封闭在＜item＞＜/item＞标签中，每一条都带有各自的标题、描述、作者、发布日期以及其他属性。XML 相对比较容易用函数库来分析。

2.6　属性关系与选择

一个优秀的可视化设计必须展示适量的信息内容，以保证用户获取数据信息的效率。如果展示的信息过少，则会使用户无法更好地理解信息；如果包含过多的信息，则可能造成用户的思维混乱，甚至可能会导致错失重要信息。因此，一个优秀的可视化设计应向用户提供对数据进行筛选的操作，从而可以让用户选择数据的哪一部分被显示，而其他部分则在需要的时候才显示。

大数据可视化

数据可视化表达的内容（或角度）取决于我们所选取的数据。原始数据集，无论是网络爬取还是客户提供，往往具有成百上千的属性，或者说特征，需要我们花费大量时间对数据进行预处理和清理，以选择对结果模型贡献最大的特征。这个过程称为"属性选择"。属性选择是选择能够使数据可视化效果更具客观性和说服力的属性，或者剔除那些不相关的、会降低模型精度和质量的属性的过程。

2.6.1 相关关系

数据与属性相关被认为是数据预处理中特征选择阶段的一个重要步骤，尤其是当特征的数据类型是连续的。那么，什么是数据相关性呢？

数据相关性是一种理解数据集中多个变量和属性之间关系的方法。使用相关性可以推导出以下结果。

① 一个或多个属性依赖于某一个属性或其他属性的原因。

② 一个或多个属性与其他属性相关联。

数据相关性的作用如下。

① 相关性可以帮助从一个属性预测另一个属性（伟大的方式，填补缺失值）。

② 相关性（有时）可以表示因果关系的存在。

③ 相关性被用作许多建模技术的基本量。

数据相关性分为以下几类（如图 2-19 所示）。

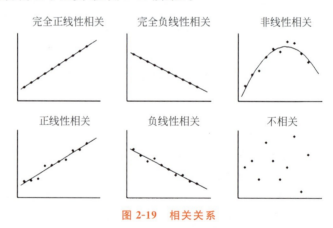

图 2-19 相关关系

① 正相关：两个变量的变化趋势相同，从散点图可以看出各点散布的位置是从左下角到右上角的区域，即一个变量的值由小变大时，另一个变量的值也由小变大。

② 负相关：两个变量的变化趋势相反，从散点图可以看出各点散布的位置是从左上角到右下角的区域，即一个变量的值由小变大时，另一个变量的值由大变小。

按形式分类，数据相关性又可分为以下几类。

① 线性相关（直线相关）：当相关关系的一个变量变动时，另一个变量也相应地发生均等的变动。

② 非线性相关（曲线相关）：当相关关系的一个变量变动时，另一个变量也相应地发生不均等的变动。

③ 不相关：这两个属性之间没有关系。

这些相关类型中的每一种都由0～1的值表示，其中微弱或高度正相关的特征可以是0.5或0.7。如果存在强而完全的正相关，则用0.9或1的相关分值表示结果。如果存在很强的负相关关系，则表示为−1。如果数据集具有完全正或负的属性，最简单的方法是删除完全相关的特性。另一种方法是使用降维算法，比如主成分分析（Principal Components Analysis，PCA）。

相关性经常被解释为因果关系，这是一个很大的误解。变量之间的相关性并不表示因果关系。对任何高度相关的变量都应该仔细检查和考虑。有一篇幽默的德语文章，它使用相关性来证明婴儿是由鹳来接生的理论。研究表明，城市周边鹳类数量的增加与城市医院外接生数量的增加之间存在显著的相关性。

图2-20(a)的图表显示鹳的数量增加（粗黑线），医院分娩的数量（白色三角形标记）减少。另一方面，图2-20(b)显示，医院外分娩的数量（白色方块标记）遵循鹳数量增加的模式。虽然这项研究并不是为了科学地证明婴儿鹳理论，但它表明，通过高相关性，一种关系可能看起来是因果关系。这可能是由于一些未观察到的变量。例如，人口增长可以是另一个因果变量。

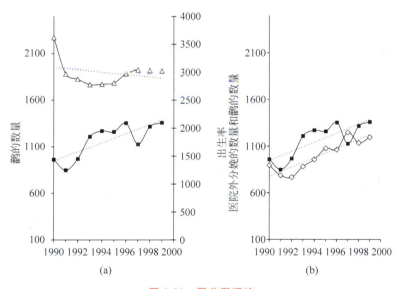

图 2-20 婴儿鹳理论

相关性在许多应用中都非常有用，尤其是在进行回归分析时（请参见7.2节）。然而，它不应与因果关系混在一起，并以任何方式被误解。我们应该始终检查数据集中不同变量之间的相关性，并在探索和分析过程中收集一些见解。

2.6.2　因果关系

因果关系是一个事件（即"因"）和第二个事件（即"果"）之间的作用关系，其中后一事件被认为是前一事件的结果。一般来说，一个事件是很多原因综合产生的结果，而且原因都发生在较早时间点，而该事件又可以成为其他事件的原因。相较于相关关系，因果关系是对问题更本质的认识。诸如物理学、行为学、社会学和生物学中许多研究的中心问题是对因果的阐述,即对变量或事件之间直接作用关系的阐述。例如,一种新型药物在给定患者人群中疗效如何?一个新的法规可避免多大比例的犯罪?在一个特定事故中,个体死亡的原因是什么?这些都是因果问题。大数据分析过程中,我们可以构建相关关系模型,但是用于确定事情发生原因的因果,目前尚难确定,大部分大数据分析算法都是通过分析大量数据寻找其中隐藏的规律。全球 IT 服务公司 L&T Infotech 的执行副总裁兼首席数据分析官苏门德拉·莫汉蒂(Soumendra Mohanty)表示,"显然,这能使我们了解到'是什么',但却很少能理解'为什么'"。

2.7 练 习

练习题

1. 数据获取有几种方式?
2. 什么是 Robots 协议?
3. 简述 4 种数据存储方式。
4. 数据质量的特性有哪些?
5. 简述数据预处理流程。
6. 简述属性相关关系与因果关系。

对比与趋势可视化

大数据可视化的目的是通过数据了解数据背后的含义或走势,展现给客户,并从中分析得出结论。可视化展现的角度可以是时间序列、空间地点,或者是不同分类数据的表现。在这一章,将介绍对比与趋势可视化的典型表现形式:柱形图、折线图、箱线图、词云图等,并通过 Python 语言进行实现。

3.1 柱 形 图

根据数据画成长短相应成比例的直条,并按一定顺序排列起来,这样的统计图,称为柱形图。柱形图是统计图资料分析中最常用的图形。

柱形图一般用于显示一段时间内的数据变化或者各项之间的比较情况。数值的体现是柱形的高度。柱形越矮,则数值越小;柱形越高,则数值越大。另外需要注意的是,柱形的宽度与相邻柱形间的间距决定了整个柱形图的视觉效果的美观程度。如果柱形的宽度小于间距则会使受众的注意力集中在空白处而忽略了数据。

柱形图的优势如下。

① 能够使人们一眼看出各个数据的大小。

② 直观比较数据之间的差距。

③ 清楚地表示出数量的多少。

我们可以利用方法 matplotlib.pyplot.bar(x, height, alpha, width, color, label)画出柱形图,并能够得到返回值 BarContainer,它是包含所有柱的容器。下面来解释一下常用的参数。

① x:x 轴的位置序列,一般采用 arange 函数产生一个序列,用以说明各柱在 x 轴的位置。

② height:y 轴的数值序列,柱形图每个柱的高度。

③ alpha:透明度。

④ width:柱形的宽度,默认为 0.8。

⑤ color:柱形图填充的颜色。

⑥ label:坐标轴标签。

3.1.1 单柱图

单柱图,顾名思义就是只有一组柱的统计图,每根柱表达一个时间区间或者一个类别。下面实现一个最简单的柱形图。

假设广州城市四季平均最高气温分别为:23℃,34℃,26℃,17℃,仅通过5行代码就可以画出柱形图(注意代码第一行,用 plt 作为 matplotlib.pyplot 的简写)。

```python
import matplotlib.pyplot as plt
num_list = [23, 34, 26, 17]
x = range(len(num_list))
plt.bar(x=x, height=num_list)
plt.show()
```

柱形图如图 3-1 所示,但没有直观地表达出数据的含义,如果设置 x 轴的刻度,明确每个柱对应的分类就能够使图片的含义更清晰。可以通过 matplotlib.pyplot.xticks(ticks = None,labels = None, * * kwargs)来设置 x 轴的刻度标签,可以得到包含(locs,labels)的返回值,locs 是标签位置的数组,labels 是 Text 对象列表。下面来解释一下常用的参数。

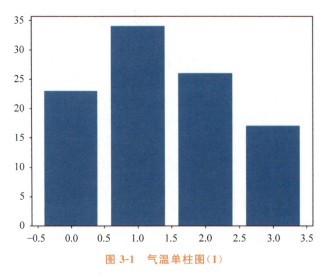

图 3-1 气温单柱图(1)

① ticks:应当放置刻度的位置列表。可以传递一个空列表来禁用 xticks。
② labels:在给定位置放置的显式标签的列表。
③ * * kwargs:可用于控制标签的外观。
如果标签是中文的,还需要指定字体避免出现乱码。

```python
plt.rcParams['font.sans-serif'] = ['SimHei']      #指定字体显示中文标签
plt.rcParams['axes.unicode_minus'] = False        #显示负号
```

首先定义一个列表存放希望 x 轴显示的刻度标签,然后利用 matplotlib.pyplot.xticks()方法来设置刻度标签。

```python
xlabel_list=['春','夏','秋','冬']                 #添加 x 轴刻度
plt.xticks(x, xlabel_list)
```

可以看出广州四季平均最高温度均在15℃以上,如果 y 轴下标从默认的 0 开始,则四季温度差异并不能很好地展现出来,这时可以通过 matplotlib.pyplot.ylim() 方法来设置 y 轴的上下限,例如:plt.ylim(15,40),将 y 轴表示范围设置为 15～40。同理,当我们需要设置 x 轴表示范围时也可以使用 matplotlib.pyplot.xlim() 来进行(如图 3-2 所示)。

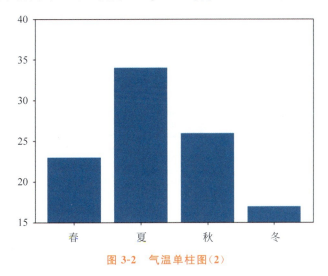

图 3-2　气温单柱图(2)

为了画出一个完整的柱形图,接下来为 x 轴、y 轴设置标签,添加图表标题和题注。可以通过 matplotlib.pyplot.xlabel() / matplotlib.pyplot.xlabel() 传入标签字符串设置坐标轴标签,例如:

```
plt.xlabel("季节")                                    #设置 x 轴标签
plt.ylabel("平均温度")                                 #设置 y 轴标签
```

图片的题注是指出现在图片下方或上方的一段简短描述,在可视化的图例中表达图片的一些重要的信息,例如图片中颜色或形状的含义。可以在方法 matplotlib.pyplot.bar() 中添加参数 label 来设置题注:

```
plt.bar(x=x, height=num_list,label="Guangzhou")
```

需要注意设置题注后需要调用 matplotlib.pyplot.legend() 将题注显示出来。最后可以通过 matplotlib.pyplot.title("平均气温") 来表示图片的标题。完整的柱形图就完成了(如图 3-3 所示)。

有时候希望在柱上显示对应的数值,让图片表达更加清晰。这时需要使用一个对象保存包含柱的容器 BarContainer,以便对所有柱进行遍历、添加文字。

```
rects = plt.bar(x=x, height=num_list, label="Guangzhou")
```

添加文字时需要对显示文字位置进行定位,通常横坐标可以选择为柱形横坐标加上柱宽的一半,高度选择柱形高度或稍微上浮一定距离(如图 3-4 所示)。

```
for rect in rects:                                    #遍历所有柱
```

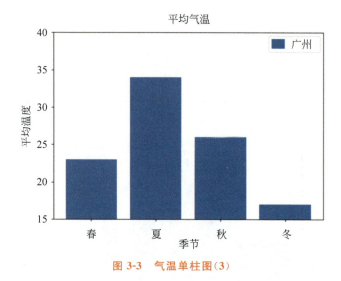

图 3-3　气温单柱图（3）

```
x_pos = rect.get_x() +rect.get_width() / 2      #定位文字横坐标
height = rect.get_height()                      #定位文字纵坐标
#ha 文字与 x 坐标对齐方式为居中
plt.text(x_pos, height+1, str(height)+'度', ha="center")
```

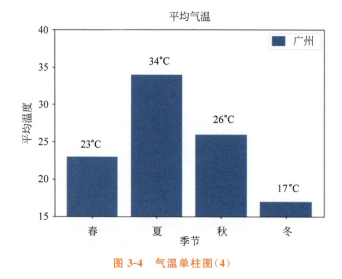

图 3-4　气温单柱图（4）

完整代码如下。

```
import matplotlib.pyplot as plt
plt.rcParams['font.sans-serif'] = ['SimHei']    #用来正常显示中文标签
plt.rcParams['axes.unicode_minus'] = False      #用来正常显示负号

num_list = [23, 34, 26, 17]
xlabel_list=['春','夏','秋','冬']
```

```python
x = range(len(num_list))
rects = plt.bar(x=x, height=num_list, label="Guangzhou")
for rect in rects:                                      #遍历所有柱
    x_pos = rect.get_x() + rect.get_width() / 2         #定位文字横坐标
    height = rect.get_height()                          #定位文字横坐标
    #ha 文字与 x 坐标对齐方式
    plt.text(x_pos, height+1, str(height)+'度', ha="center")

plt.xticks(x, xlabel_list)
plt.xlabel("季节")                                      #设置 x 轴标签
plt.ylabel("平均温度")                                  #设置 y 轴标签
plt.ylim(15, 40)                                        #设置 y 轴范围
plt.legend()                                            #设置题注
plt.title("平均气温")
plt.show()
```

3.1.2 簇状柱图

柱形图作为最常使用的图表,可以衍生出多种多样的图表形式,将多个并列的类别聚类形成一组形成的柱形图称为簇状柱图。簇状柱图分为组间柱形图和组内柱形图,组间柱形图又称双维度柱形图,适合分析有层级关系的数据。组内柱形图中的矩形一般按照对比维度字段切分并列生长,采用不同的颜色来反映对比维度间的关系。适合分析对比组内各项数据。绘制簇状柱图应注意数据分类组数不可过多,且每组分类项不多于4项;对比项的整体较为重要时,不适合用簇状柱形图而适合用堆积图。

例如,我们希望绘制一个年销售量的统计图,以 x 轴刻度显示为一年之中的四个季度,标签为季度,y 轴刻度显示为每个季度的销售量(单位:万元);2018 年各季度销量分别为:15,20,18,25(万元),图表标题为"销售量统计";每个季度销售额柱形图顶部显示当前的销售量。利用上一节的内容,可以容易地画出一个柱形图(如图 3-5 所示)。

完整代码如下。

```python
import matplotlib.pyplot as plt
plt.rcParams['font.sans-serif'] = ['SimHei']            #用来正常显示中文标签
plt.rcParams['axes.unicode_minus'] = False              #用来正常显示负号
#横坐标刻度显示值
xlabel_list = ['第一季度', '第二季度', '第三季度', '第四季度']
sales_2018 = [15, 20, 18, 25]                           #2016年各季度销量
x = range(len(xlabel_list))                             #横轴基准坐标值

"""绘制柱形图
x:长条形中点横坐标
height:长条形高度
label:为后面设置 legend 准备"""
rects1 = plt.bar(x=x, height=sales_2018, label="2018年")
```

```
plt.ylim(10, 40)                                          #设置 y 轴范围
plt.ylabel("销售量(单位:万元)")                              #设置 y 轴标签
"""设置 x 轴刻度显示值
参数一:中点坐标
参数二:显示值"""
plt.xticks([index +0.2 for index in x], xlabel_list)
plt.xlabel("季度")                                        #设置 x 轴标签
"""设置文本"""
for rect in rects1:
    x_pos = rect.get_x() +rect.get_width() / 2
    height = rect.get_height()
    plt.text(x_pos, height+1, str(height), ha="center", va="bottom")
plt.title("销售量统计")
plt.legend()                                              #设置题注
plt.show()
```

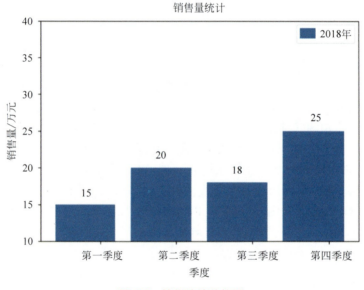

图 3-5　销售统计单柱图

如果还存在另一组数据：2019 年各季度销量分别为 13,21,22,28(万元)，这时可以使用簇状柱形图来对 2018 和 2019 两年的数据一并进行显示。由于是每组两个柱的簇状柱形图，可以考虑将原始柱的宽度减小，用原来一个柱的位置显示现在两个柱形，即柱的宽度(width)不使用默认的 0.8，而改为原始宽度的一半，即 0.4。2019 年柱形的代码步骤与 2018 年的柱形显示步骤一致，仅仅需要变更柱形所在的 x 轴位置，即使用"x＝[i＋0.4 for i in x]"将 2018 年柱形坐标向右偏移 0.4，所能得到的坐标恰好在 2018 年柱形图的右侧(如图 3-6 所示)。

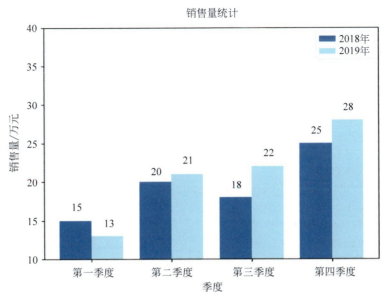

图 3-6　销售统计簇状柱图

完整代码如下。

```
import matplotlib.pyplot as plt
plt.rcParams['font.sans-serif'] = ['SimHei']        #用来正常显示中文标签
plt.rcParams['axes.unicode_minus'] = False          #用来正常显示负号

xlabel_list = ['第一季度', '第二季度', '第三季度', '第四季度']   #横坐标刻度显示值
sales_2018 = [15, 20, 18, 25]                       #2018年各季度销量
sales_2019 = [13, 21, 22, 28]                       #2019年各季度销量
x = range(len(xlabel_list))                         #横轴基准坐标值

"""绘制柱形图
x:长条形中点横坐标
height:长条形高度
width:长条形宽度,默认值 0.8
color:长条形颜色
label:为后面设置 legend 准备"""
rects1 = plt.bar(x=x, height=sales_2018, width=0.4, label="2018年")
rects2 = plt.bar(x=[i +0.4 for i in x], height=sales_2019, width=0.4, color=
'lightblue', label="2019年")

plt.ylim(10, 40)                                    #设置 y 轴范围
plt.ylabel("销售量(单位:万元)")                      #设置 y 轴标签
"""设置 x 轴刻度显示值
参数一:中点坐标
```

```
参数二:显示值"""
plt.xticks([index +0.2 for index in x], xlabel_list)
plt.xlabel("季度")                                              #设置 x 轴标签

"""设置文本"""
for rect in rects1:
    x_pos = rect.get_x() +rect.get_width() / 2
    height = rect.get_height()
    plt.text(x_pos, height+1, str(height), ha="center", va="bottom")
for rect in rects2:
    x_pos = rect.get_x() +rect.get_width() / 2
    height = rect.get_height()
    #height+1 纵坐标上移,文字显示更美观
    plt.text(x_pos, height+1, str(height), ha="center", va="bottom")
plt.title("销售量统计")
plt.legend()                                                    #设置题注
plt.show()
```

3.2 折 线 图

折线图主要用来展示随时间(根据常用比例设置)而变化的连续数据,因此非常适用于显示在相等时间间隔下数据的趋势。在折线图中,类别数据沿水平轴均匀分布,所有数据值沿垂直轴均匀分布。折线图非常适合用于展示一个连续的二维数据,如某网站访问人数或商品销量价格的波动。折线图除了展示某个事情发展的趋势,还可以用来比较多个不同的数据序列。如图 3-7 所示,可以通过对比同时间段的三种商品的销量,分析哪一种商品的销量最好。

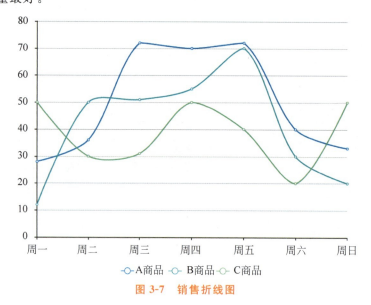

图 3-7　销售折线图

使用折线图时需要注意：使用实线绘制数据线；要保证能够区分数据线和坐标轴线，并且要尽力使所有的数据清晰可识别；不要绘制4条以上的折线，所有线都折叠在一起且又没有明显的对比，整张图表就会混乱并难以阅读。

可以利用 matplotlib.pyplot.plot([x], y, [fmt], *, data=None, **kwargs)绘制折线图。其中x,y为数据点的水平/垂直坐标，x值是可选的，默认为y数据元素个数的序列。fmt(可选项)为格式字符串，例如'ro'表示红色圆圈。**kwargs(可选项)用于指定属性、线标签(用于自动图例)、线宽、标记颜色等。

绘制多折线图时，可以利用不同的标记符号或线条颜色来使各个折线表达更加清晰。例如使用 marker='o', markerfacecolor='yellow'将标记设为黄色圆点，或 color='r', marker='^'设置红色线条和三角标记，在绘制多折线时，无须像簇状柱图那样计算柱的位置，因为折线本身代表趋势，各个折线交叠并不影响数据表达，只需要调用多次 matplotlib.pyplot.plot()即可。例如，存在两组商品10天内的价格数据，商品1：12,18, 5,40,32,60,70,12,57,25，商品2：4,7,0,28,20,40,53,10,41,18，我们以红色加粗线条与黄色标识代表商品1，默认颜色和三角符号代表商品2，调用两次 matplotlib.pyplot.plot()即可画出双折线的商品价格趋势图(如图3-8所示)。

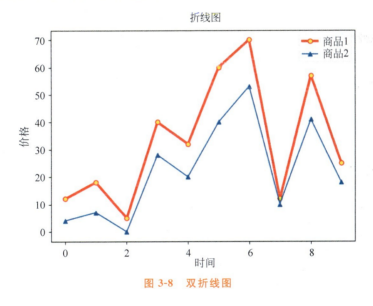

图 3-8　双折线图

完整代码如下。

```
import matplotlib.pyplot as plt
plt.rcParams['font.sans-serif'] = ['SimHei']        #用来正常显示中文标签
plt.rcParams['axes.unicode_minus'] = False          #用来正常显示负号

y1=[12,18,5,40,32,60,70,12,57,25]
x1=range(0,10)
x2=range(0,10)
y2=[4,7,0,28,20,40,53,10,41,18]
```

```
plt.plot(x1,y1,label='商品 1',linewidth=3,color='r',marker='o',
markerfacecolor='yellow')                       #线宽 linewidth
plt.plot(x2,y2,label='商品 2',marker='^')
plt.xlabel('时间')
plt.ylabel('价格')
plt.title('折线图')
plt.legend()
plt.show()
```

3.3 箱 线 图

箱线图也称盒式图、箱须图,是一种用作显示一组数据分散情况的统计图,因形状像箱子而得名。在各种领域也经常被使用,常见于品质管理,快速识别异常值。箱线图是利用数据中的五个统计量:最小值、上四分位数、中位数、下四分位数与最大值来描述数据的一种方法,它也可以粗略地看出数据是否具有对称性、分布的分散程度等信息,特别是可用于对几个样本的比较。箱线图最大的优点就是不受异常值的影响,能够准确稳定地描绘出数据的离散分布情况,同时也利于数据的清洗。

在箱线图中,箱子的中间有一条线,代表了数据的中位数(如图 3-9 所示)。箱子的上下底,分别是数据的上四分位数(Q_3)和下四分位数(Q_1)。

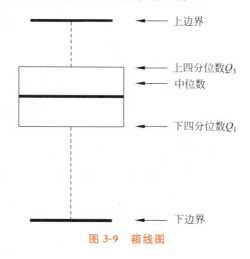

图 3-9 箱线图

下面以序列:12,15,17,19,20,23,25,28,30,33,34,35,36,37 为例,说明箱线图中的下四分位数、中位数、上四分位数、最大值、最小值、异常值。

1. 下四分位数 Q_1

① 确定四分位数的位置。Q_i 所在位置=$i(n+1)/4$,其中 $i=1,2,3$。n 表示序列中包含的项数。

② 根据位置,计算相应的四分位数。

Q_1 所在的位置 $=(14+1)/4=3.75$

$Q_1=0.25\times$第三项$+0.75\times$第四项$=0.25\times17+0.75\times19=18.5$

2. 中位数（第二个四分位数）Q_2

中位数，即一组数由小到大排列处于中间位置的数。若序列数为偶数个，该组的中位数为中间两个数的平均数。

Q_2 所在的位置 $=2\times(14+1)/4=7.5$

$Q_2=0.5\times$第七项$+0.5\times$第八项$=0.5\times25+0.5\times28=26.5$

3. 上四分位数 Q_3

计算方法同下四分位数。

Q_3 所在的位置 $=3\times(14+1)/4=11.25$

$Q_3=0.75\times$第十一项$+0.25\times$第十二项$=0.75\times34+0.25\times35=34.25$

4. 上边界

上边界是非异常范围内的最大值。

首先需要计算四分位距 IQR：

$$IQR=Q_3-Q_1$$

$$上边界=Q_3+1.5IQR$$

5. 下边界

下边界是非异常范围内的最小值。

$$下边界=Q_1-1.5IQR$$

6. 异常值

箱线图提供了识别异常值的一个标准：异常值被定义为小于 $Q_1-1.5IQR$ 或大于 $Q_3+1.5IQR$ 的值。

箱线图可以使用 matplotlib.pyplot.boxplot() 函数绘制，下面来解释一下常用的参数。

① x：指定要绘制箱线图的数据。

② positions：指定箱线图的位置，默认为[1,2…]。

③ whiskerprops：设置须的属性，如颜色、粗细、线的类型等。

④ showfliers：是否显示异常值，默认显示。

⑤ sym：指定异常点的形状，默认为＋号显示。

⑥ boxprops：设置箱体的属性，如边框色、填充色等。

⑦ showmeans：是否显示均值，默认不显示。

⑧ patch_artist：是否填充箱体的颜色。

下面利用 np.random.normal(mean，std，size)模拟产生两个班级的语文、数学、英语三门课程成绩的随机数据(如图3-10所示),normal函数产生符合正态分布的随机数,三个参数依次是此概率分布的均值、标准差、数据个数。

```
YuWen_C1 = np.random.normal(90, 3, size=40)    #一班语文
YuWen_C2 = np.random.normal(80, 2, size=50)    #二班语文
Math_C1 = np.random.normal(70, 5, size=40)     #一班数学
Math_C2 = np.random.normal(60, 7, size=50)     #二班数学
Eng_C1 = np.random.normal(75, 7, size=40)      #一班英语
Eng_C2 = np.random.normal(60, 5, size=50)      #二班英语
```

按班级对成绩进行分组。

```
C1_data = [YuWen_C1, Math_C1, Eng_C1]
C2_data = [YuWen_C2, Math_C2, Eng_C2]
```

先绘制C1班级成绩箱线图。

```
fig, ax = plt.subplots(figsize=(8, 6))
ind = np.arange(len(C1_data))             #每组数据在x轴位置,[0,1,2]
bplot0 = ax.boxplot(C1_data)
positions=ind,                            #用positions参数设置各箱线图的位置
whiskerprops={'color':'#9999ff'},         #箱体和上下边缘之间的线的样式
sym='rx',                                 #异常值的颜色和形状
#设置箱体属性,填充色和边框色
boxprops={'color':'black','facecolor':'#9999ff'},
showmeans=True,                           #是否显示均值
#是否设置箱体颜色,若要自定义设置箱体颜色,参数值需为True
patch_artist=True
```

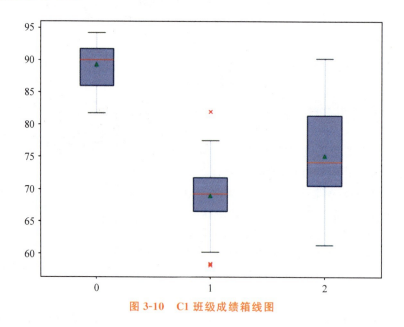

图3-10　C1班级成绩箱线图

多组数据的箱线图与簇状柱图类似,需要考虑箱与箱之间的距离,以及 x 轴标签显示的位置(如图 3-11 所示)。画第二组数据时,定义 positions=ind+0.35,以保持与第一组箱的距离,同时设置 ax.set_xticks(ind + 0.35/2),将 x 轴标签设置为两组箱线图的中间位置。

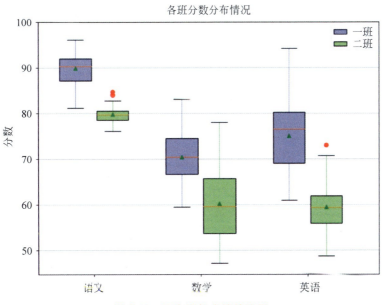

图 3-11　两个班级成绩箱线图

完整代码如下。

```
import numpy as np
import matplotlib.pyplot as plt

plt.rcParams['font.sans-serif'] = ['SimHei']      #用来正常显示中文标签
plt.rcParams['axes.unicode_minus'] = False        #用来正常显示负号

YuWen_C1 = np.random.normal(90, 3, size=40)       #一班语文
YuWen_C2 = np.random.normal(80, 2, size=50)       #二班语文
Math_C1 = np.random.normal(70, 5, size=40)        #一班数学
Math_C2 = np.random.normal(60, 7, size=50)        #二班数学
Eng_C1 = np.random.normal(75, 7, size=40)         #一班英语
Eng_C2 = np.random.normal(60, 5, size=50)         #二班英语

C1_data = [YuWen_C1, Math_C1, Eng_C1]
C2_data = [YuWen_C2, Math_C2, Eng_C2]

ind = np.arange(len(C1_data))                     #每组数据在 x 轴位置[0,1,2]
dev = 0.35                                        #与第一组图的距离
fig, ax = plt.subplots(figsize=(8, 6))
```

```
bplot0 = ax.boxplot(C1_data)
positions=ind,                              #用positions参数设置各箱线图的位置,默认[1,2,3,...]
whiskerprops={'color':'#9999ff'},           #箱体和上下边缘之间的线的样式
sym='rx',                                   #异常值的颜色和形状
boxprops={'color':'black','facecolor':'#9999ff'},    #设置填充色和边框色
showmeans=True,                             #是否显示均值
patch_artist=True                           #是否设置箱体颜色
bplot1 = ax.boxplot(C2_data)
positions=ind +dev,                         #用positions参数设置各箱线图的位置
whiskerprops={'color':'lightgreen'},        #箱体和边缘线之间的连线的样式
sym='ro',                                   #异常值的颜色和形状
boxprops={'color':'black','facecolor':'lightgreen'},  #设置填充色和边框色
showmeans=True,                             #是否显示均值
patch_artist=True                           #是否设置箱体颜色
ax.set_xticks(ind +dev/2)                   #x轴标签位于两组箱线图的中间位置
ax.set_xticklabels(('语文', '数学', '英语'))  #标签文字

plt.xlim(ind[0]-dev)                        #调整x轴起点,使最左侧箱线图与y轴之间距离合适

plt.legend((bplot0['boxes'][0], bplot1['boxes'][0]), ('一班', '二班'))

ax.set_title('各班分数分布情况')
ax.yaxis.grid(True)                         #设置y轴网格线
plt.ylim(ymax=100)                          #只给y轴设置最大值,最小值自适应
ax.set_ylabel('分数')
plt.show()
```

3.4 词 云 图

词云(也称文本云或标签云)的表达方式很直观:特定词在文本数据源(如演讲、博客文章或数据库)中出现的越多,则单词表现得越大,并且越重要。词云是从艺术到科学的强大工具,因为我们的大脑比其他格式更喜欢视觉信息。然而词云并非适用于每种情况,就像我们不会使用饼图来显示公司收入随时间的增长,也不会在每个场景中都使用词云。当数据没有针对上下文进行优化,仅仅将文本转储到词云生成器中并不能对用户产生深刻印象。

首先需要安装 WordCloud 包,根据 Python 环境利用 pip 或 Anaconda 进行安装。WordCloud 库把词云当作一个 WordCloud 对象,wordcloud.WordCloud()代表一个文本对应的词云,可以根据文本中词语出现的频率等参数绘制词云,绘制词云的形状、尺寸和颜色。我们可以定义一个 WordCloud 对象作为基础:w = wordcloud.WordCloud()。利用 w.generate(txt)方法向 WordCloud 对象 w 中加载文本 txt,w.to_file(filename)将词云输出为图像文件(png 或 jpg),示例如下。

```
w.generate("Python and WordCloud")
w.to_file("outfile.png")
```

运行程序即可保存图片 outfile.png，如图 3-12 所示。

图 3-12　outfile.png

如果要在程序中显示图片，可以利用 matplotlib.pyplot.imshow()方法将图像对象显示在二维坐标轴上。增加如下代码，即可将图像显示出来。

```
import matplotlib.pyplot as plt
plt.imshow(w)
plt.axis("off")                              #不显示坐标轴
plt.show()
```

下面我们以《爱丽丝漫游仙境》小说为例，对词云进行生成与展示。首先将小说文本 alice.txt 保存在 PyCharm 工程文件夹，读取文本文件、配置词云对象（分别通过参数 background_color、width、height 等指定词云对象的背景颜色及图像大小）、生成词云、保存图片。

完整代码如下。

```
from wordcloud import WordCloud
import matplotlib.pyplot as plt
f = open('alice.txt','r').read()
wordcloud = WordCloud(background_color="white", width=1000, height=860,
margin=2).generate(f)
#width,height,margin 设置图片属性
#generate 可以对全部文本进行自动分词，但是对中文支持不友好
plt.imshow(wordcloud)
plt.axis("off")
plt.show()
wordcloud.to_file('alice.png')
```

在图 3-13 中，可以明显地发现"said"一词出现得非常频繁，却没有实际意义，此时可以考虑对其进行"停用词"处理。停用词是指在信息检索中，为节省存储空间和提高搜索效率，在处理自然语言数据（或文本）之前或之后自动过滤掉某些字或词，这些字或词即被称为 Stop Words（停用词）。通常意义上，停用词大致分为两类。一类是人类语言中包含

大数据可视化

图 3-13　Alice 词云图

的功能词,这些功能词极其普遍,与其他词相比,功能词没有什么实际含义,比如"the""is""at""which""on"等。另一类词包括词汇词,比如"want""said"等,这些词应用十分广泛,但是虽然使用频繁,却不能代表实际重要意义,所以通常会把这些词移去。可以通过设置 wordcloud.STOPWORDS 来添加停用词,将没有意义却频繁出现的词从词云中剔除。

还可以通过设置 matplotlib.pyplot.imshow()参数使得词云显示的效果更好。参数 Scale 默认值 1,其值越大,图像密度越大越清晰。参数 interplotation 代表图像插值方式,默认"None",图像插值是指对数字图像进行进一步的处理,对图像分辨率重建的过程。下面列举了若干种图像插值的显示效果,读者可以自行测试查看不同图像插值方式的效果,如图 3-14 所示。

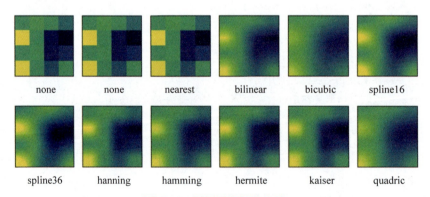

图 3-14　不同图像插值方法

有时为了词云具有更强的表达力,可以生成蒙版(mask)对象,利用 matplotlib.pyplot.ims-how()的 mask 参数让词云中的文字显示在指定图片形状内,如图 3-15 所示。

第 3 章 对比与趋势可视化

图 3-15 设置形状的 Alice 词云图

完整代码如下。

```python
from PIL import Image
import numpy as np
import matplotlib.pyplot as plt
import wordcloud
text = open('alice.txt','r').read()
alice_coloring = np.array(Image.open('alice_color.png'))
#设置停用词
stopwords = set(wordcloud.STOPWORDS)
stopwords.add("said")
#通过 mask 参数设置词云形状
wc = wordcloud.WordCloud(scale=4,background_color="white", max_words=2000,
mask=alice_coloring,stopwords=stopwords, max_font_size=40, random_state=42)
wc.generate(text)                        #生成词云
image_colors = wordcloud.ImageColorGenerator(alice_coloring)
wc.to_file("alice_cloud.png")            #保存图片
plt.imshow(wc, interpolation="bilinear")
plt.axis("off")
plt.figure()
plt.show()
```

3.5 练 习

练习题

1. 柱形图和折线图分别适合什么类型的数据表达？
2. 箱线图主要用于(　　)。
   A. 表示事物内部各部分所占的比重

B. 说明频数分布资料中观察单位的分布状况
C. 描述一组或多组数据的分布特征
D. 描述研究指标的地理分布

3. 箱线图中的 Q_1, Q_2, Q_3, Q_4 分别表达什么含义？
4. 反映发展趋势的可视化图表有哪些？

比例数据可视化

比例数据,通常是按照类别、子类别、群体进行的划分。对于比例型数据,进行可视化的目的,是为了寻找整体中的最大值、最小值、整体的构成分布以及各部分之间的相对关系。饼图是显示群组成的经典方式。然而,使用饼图时,要尽量避免饼图分区面积造成的误导。因此,建议使用者明确标记饼图每个部分的百分比或数字。在这一章,将介绍比例数据可视化的典型表现形式:饼图、环图、嵌套环图等,并通过 Python 语言进行实现。

4.1 饼 图

已知最早的饼图是威廉·普莱菲于 1801 年在他的《统计学摘要》(*Statistical Breviary*)中所作,描述了 1789 年以前土耳其帝国在亚洲、欧洲及非洲中所占的比例,如图 4-1 所示。

这一发明最初并没有得到广泛应用。查尔斯·约瑟夫·米纳尔德于 1858 年成为第一个使用这一图表的人,用于表示从法国周边运到巴黎消费的牛数量,如图 4-2 所示。

饼图又称饼状图,是一个划分为几个扇形的圆形统计图表,用于描述量、频率或百分比之间的相对关系。在饼图中,每个扇区的弧长(以及圆心角和面积)大小为其所表示的数量的比例。这些扇区合在一起刚好是一个完全的圆形。顾名思义,这些扇区拼成了一个切开的饼形图案。

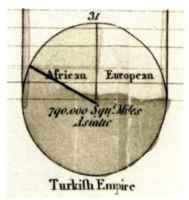

图 4-1 第一张饼图

饼图在商业领域和大众媒体中几乎无处不在,在一些特定情况下,饼图可以很有效地对信息进行展示。特别是在想要表示某个大扇区在整体中所占比例,而不是对不同扇区进行比较时,饼图则十分有效(如图 4-3 所示)。

虽然饼图在商业领域和杂志中的使用很广泛,科学文献中却很少用到饼图。很多统计学家建议避免使用这一图表,在饼图中很难对不同的扇区大小进行比较,或对不同饼图之间数据进行比较。原因就是饼图用面积取代了长度,这样就加大了对各个数据进行比较的难度。根据史蒂文斯幂函数定律,面积只能提供 0.7 的感知力,而长度的感知力有 1.0。由于感知力的差异与实际差异呈线性相关,长度更适宜用于量度。根据 AT&T 贝

大数据可视化

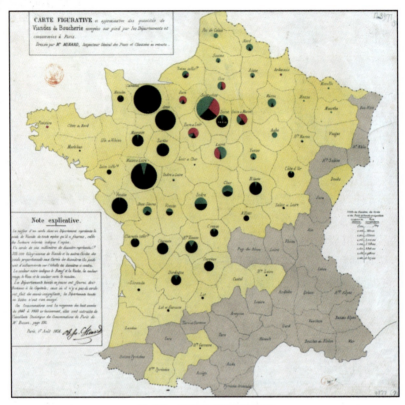

图 4-2 米纳尔德所作饼图

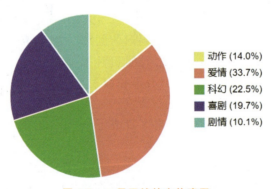

图 4-3 一目了然的主体扇区

尔实验室的研究,使用角度来进行比较没有使用长度精确。图 4-4 上面部分给出了相同数据绘制的三个饼图,而下面部分则是对应的柱形图。在饼图中很难根据大小对比对象进行排序,但条形图却很容易做到这一点。同样,用条形图更容易进行数据集之间的比较。但是,如果目的是在单一图表中对一个对象(饼图中的扇区)和整体(整个饼图)之间的关系进行比较,且比例接近 25% 的倍数(如 25% 或 50%),饼图效果比柱形图好。

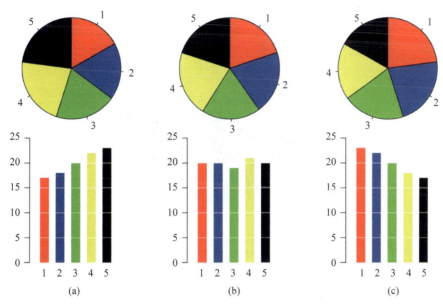

图 4-4　同时使用饼图和柱形图绘制三组数据

可以利用方法 matplotlib.pyplot.pie(x, explode, labels, startangle, colors)画出柱形图，并能够设置饼图的绘制方向、是否突出显示某一部分扇区。下面来解释一下常用的参数。

① x：(每一块)的比例，x 值即为楔形区域面积占比。
② labels：(每一块)饼图外侧显示的说明文字。
③ explode：(每一块)离开中心的距离。
④ startangle：起始绘制角度，默认图是从 x 轴正方向逆时针画起，如设定＝90 则从 y 轴正方向画起。
⑤ colors：所使用的颜色。

假设对一个班级所有学生进行电影类型偏好投票调研，"爱情""喜剧""科幻""剧情"分别获得票数为：45，16，24，28，仅通过 5 行代码就可以画出简单的饼图。

用 plt 作为 matplotlib.pyplot 的简写，plt.rcParams['font.sans-serif'] = ['SimHei'] 显示中文。

```
name_list = ['爱情', '喜剧', '科幻', '剧情']
num_list = [45, 16, 24, 28]
colors = ['yellow', 'orange', 'blue', 'red']
plt.pie(x=num_list,labels=name_list, colors=colors)
plt.show()
```

有人将阅读饼图比作阅读表盘，人们会将 12 点作为阅读起点，所以将面积最大的部分放置在 12 点位置的右侧。由于人眼对统一区域的颜色识别有限，饼图的切分应控制在 6 份以内，如果数据非常多，则应将剩余数据归为同一类，并标注为其他。

由图 4-5 可以看出，对于占比差距较小的分类，饼图有着与生俱来的劣势，在饼图中

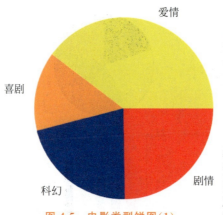

图 4-5　电影类型饼图(1)

很难对不同的扇区大小进行比较,或对不同饼图之间数据进行比较。原因就是饼图用面积取代了长度,这样就加大了对各个数据进行比较的难度。所以在饼图显示时,通常加入数据所占百分比,来明确每个部分在总体中的份额。

可以通过 plt.pie(x=num_list,labels=name_list,colors=colors,autopct='%3.1f%%',shadow=True)中 autopct 参数设置饼图内百分比显示,这里可以使用 format 字符串或者 format function 指明小数点前后位数;利用 shadow 设置饼图阴影使显示更加立体(如图 4-6 所示)。

在媒体上经常可以看到饼图对某个部分进行突出显示,以对观者起到提示强调的作用,这里可以利用 explode 参数,设置每个部分距离饼图中心点的距离,例如:explode=[0,0,0.1,0],此时饼图四个部分中第三个部分距离中心点较远,在视觉效果上就好像是炸开的部分,作为突出显示(如图 4-7 所示)。

图 4-6　电影类型饼图(2)　　　　图 4-7　电影类型饼图(3)

完整代码如下。

```
import matplotlib.pyplot as plt
```

```
plt.rcParams['font.sans-serif'] = ['SimHei']    #指定字体显示中文标签
name_list = ['爱情', '喜剧', '科幻', '剧情']
num_list = [45, 16, 24, 28]
colors = ['yellow', 'orange', 'blue', 'red']
expl = [0, 0, 0.1, 0]
plt.pie(x=num_list, labels=name_list, colors=colors, autopct='%3.1f %%',
        shadow=True, explode=expl)
plt.title("电影类型偏好调研")
plt.show()
```

4.2 环　　图

环图是饼图的一种变形，在视觉上，由于去掉中心的部分，使得环图较饼图更"轻"，但依然能够很好地诠释数据间的占比关系。人们的阅读顺序是自上而下，顺时针阅读。所以环形图在绘制时，需要按照这样一个阅读顺序，将数据项根据值的大小进行排序，将最明显的部分放在最易阅读的位置。

环图和饼图显示十分类似，显示环图时需要通过 radius 参数设置环形的外径，通过 wedgeprops 参数以"字典形式"设置圆环宽度及内外边界的属性，如边界线的粗细、颜色等。图像中的颜色可以通过十六进制数来表示 RGB 颜色，获得比颜色缩写更多样的选择。

下面以海绵蛋糕配比绘制外径 radius 为 1、宽度为 0.3 的环形图。由于环图圆环宽度的限制，需要手动定位百分比显示位置，图 4-8 通过 pctdistance 参数设置显示位置为 0.85，刚好是圆环的中心点；利用参数 wedgeprops=dict(width=0.3,edgecolor='w') 设置圆环宽度 0.3，边界线为白色。

```
labels = ["鸡蛋","砂糖","面粉","黄油","牛奶"]
data = [150, 55, 60, 25, 40]
colors = ["#FF4500","#00FF00","#1E90FF","#FF1493","#FFD700"]
plt.pie(data, labels=labels, colors=colors,autopct='%3.1f %%',\
        radius=1,pctdistance=0.85, wedgeprops=dict(width=0.3,edgecolor='w'))
plt.title("海绵蛋糕配比")
plt.show()
```

默认的各部分显示次序为逆时针，如果想改变显示顺序，可利用参数 counterclock 进行设置，False 为顺时针，true 为逆时针（默认值）；参数 startangle 可设置显示的起始角度。例如 counterclock=False，startangle=90，显示效果如图 4-9 所示。

环图比饼图更具有优势，除了"轻"之外，能使用户不再只看"饼"的面积，反面更重视总体数值的变化，阅读弧线的长度，而不是比较各部分比例不同。另外，圆环图中间的空白处还可以用来显示其他信息，例如包含多个数据系列。

下面我们以磅蛋糕配比为例，在上述环图内侧绘制嵌套环图。已有圆环半径为 1，宽度为 0.3，如果要做嵌套环图，则内层圆环半径应为 0.7，宽度与之前一致会更美观。

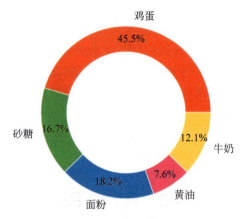

图 4-8　海绵蛋糕配比环图（1）

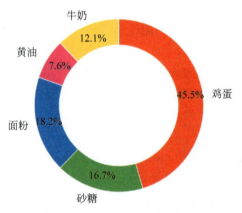

图 4-9　海绵蛋糕配比环图（2）

```
plt.pie(data2,colors=colors,autopct='%3.1f %%',
       radius=0.7,pctdistance=0.75,wedgeprops=dict(width=0.3,edgecolor='w'))
```

需要注意，这里的内层圆环，不需要再显示 label，成分说明在第一个圆环绘制时已经输出，再次输出也会导致字符的重叠与干扰。

可以为环图设置图例。图例是集中于图的一角或一侧的各种符号和颜色所代表内容与指标的说明，有助于更好地认识图。利用方法 matplotlib.pyplot.legend()可以为图表设置并显示图例。有时默认的图例位置不符合我们的需要，可以使用参数 loc、bbox_to_anchor 对图例位置进行调整。使用 loc 参数可以设置大概的图例位置，如果可以满足要求，可以省略 bbox_to_anchor 参数。Loc 属性有："best""upper right""upper left""lower left""lower right""right""center left""center right""lower center""upper center""center"。参数 bbox_to_anchor(num1，num2)用于微调图例的位置，num1 用于控制 legend 的左右移动，值越大越向右边移动，num2 用于控制 legend 的上下移动，值越大，越向上移动。对于本例环图，首先通过 loc 参数将图例定位在中间偏右位置：loc＝"center right"，再利用 bbox_to_anchor＝(1.2，0.3)进行微调，以达到不遮挡图例和标签文字的美观呈现(如图 4-10 所示)。

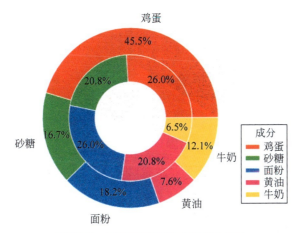

图 4-10 海绵蛋糕与磅蛋糕配比环图

完整代码如下。

```
import matplotlib.pyplot as plt
plt.rcParams['font.sans-serif'] = ['SimHei']      #用来正常显示中文标签
labels = ["鸡蛋","砂糖","面粉","黄油","牛奶"]
data = [150, 55, 60, 25, 40]
data2 = [100, 80, 100, 80, 25]
colors = ["#FF4500","#00FF00","#1E90FF","#FF1493","#FFD700"]
plt.pie(data, labels=labels, colors=colors, autopct='%3.1f%%',
        radius=1,pctdistance=0.85,wedgeprops=dict(width=0.3,edgecolor='w'))
plt.pie(data2,colors=colors,autopct='%3.1f%%',
        radius=0.7,pctdistance=0.75,wedgeprops=dict(width=0.3,edgecolor='w'))
plt.legend(title="成分", loc="center right",bbox_to_anchor=(1.2, 0.3))
plt.title("海绵蛋糕与磅蛋糕配比")
plt.show()
```

4.3 练 习

练习题

1. 显示一个整体内各部分所占的比例,往往选择(　　)。
   A. 饼图　　　　　　　　　B. 散点图
   C. 热力图　　　　　　　　D. 气泡图
2. 圆环图与饼图相比有哪些优势?

3. 绘制基本饼图,最终效果如下。

(1) 四种材料"面粉","糖","黄油","草莓"占比的饼图数据:35,15,20,30。
(2) 自定义每个扇形的颜色,例如:♯377eb8,♯4daf4a,♯984ea3,♯ff7f00。
(3) 将"黄油"重点突出,从饼图中心分裂 0.1 个半径。
(4) 标题为"不同材料的占比"。

关系数据可视化

关系数据是指变量之间存在着一定的相关关系。关系数据可视化的目的是通过图形的方式探索变量之间的隐含关系。本章将介绍关系数据可视化的典型表现形式：散点图、气泡图和直方图等，并通过 Python 语言实现。

5.1 散 点 图

散点图也称 X-Y 图，它将所有的数据以点的形式展现在直角坐标系上，以显示变量之间的相互影响程度，点的位置由变量的数值决定（如图 5-1 所示）。通过观察散点图上数据点的分布情况可以推断出变量间的相关性。如果变量之间不存在相互关系，那么在散点图上就会表现为随机分布的离散的点；如果存在某种相关性，那么大部分的数据点就会相对密集并以某种趋势呈现。那些离点集群较远的点称为离群点或者异常点。

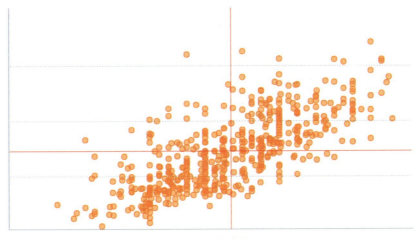

图 5-1 散点图

5.1.1 单一散点图

散点图通常用于比较跨类别的聚合数据，表示因变量随自变量而变化的大致趋势，通过两组数据构成多个坐标点，考察坐标点的分布，判断两变量之间是否存在某种关联关系。散点图通常用于显示和比较数值，例如科学数据、统计数据和工程数据。

可以利用方法 matplotlib.pyplot.hist.scatter(x，y，s，c，marker)绘制散点图，下面解释一下常用的参数。

① x：指定散点图的 x 轴数据。

② y：指定散点图的 y 轴数据。

③ s：指定散点图点的大小，默认为 20。

④ c：指定散点图点的颜色，默认为蓝色。

⑤ marker：指定散点图点的形状，默认为圆形。

本节利用消费与小费关系数据集 tips（如图 5-2 所示）绘制散点图。tips 是 Seaborn 自带数据集，可以使用 import seaborn as snstips = sns.load_dataset('tips')导入数据集，然而自带数据集的导入通常受到网络环境的限制，此时可利用离线数据集 tips.txt 作为数据源。

第一步首先查看数据集基本状况。

```
import pandas as pd
tips = pd.read_csv('tips.txt', index_col=False)
print(tips.head())
```

```
   total_bill   tip     sex smoker  day    time  size
0       16.99  1.01  Female     No  Sun  Dinner     2
1       10.34  1.66    Male     No  Sun  Dinner     3
2       21.01  3.50    Male     No  Sun  Dinner     3
3       23.68  3.31    Male     No  Sun  Dinner     2
4       24.59  3.61  Female     No  Sun  Dinner     4
```

图 5-2 tips 数据集

tips 数据集包含 7 个属性：总消费，小费，性别，吸烟与否，就餐星期，就餐时间，就餐人数。还可以通过 tips.shape 查看数据集大小，为(244，7)。下面针对 tips 数据集绘制散点图。

Matplotlib 绘制散点图有两种方法。一种是利用折线图的 matplotlib.pyplot.plot()，此时需要将线条指定为'o'，这里采用'ro'设置标记点为红色圆点。图 5-3（a）中子图为未设置图标形状，默认将被绘制为折线图，图 5-3（b）采用 plt.plot(tips['total_bill']，tips['tip']，'ro')设置标记点形状即可呈现为散点图。

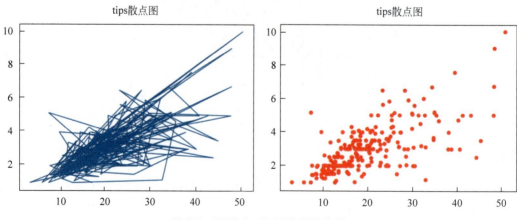

图 5-3 利用 plt.plot()绘制散点图

还可以直接采用 matplotlib.pyplot.scatter()直接绘制散点图:plt.scatter(tips['total_bill'],tips['tip'],color = 'g')(如图 5-4 所示)。

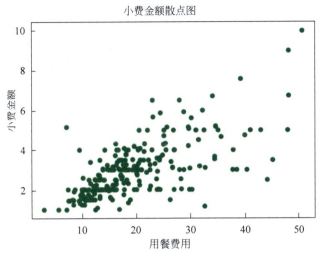

图 5-4　利用 **plt.scatter**()绘制散点图

完整代码如下。

```
import matplotlib.pyplot as plt
import pandas as pd
plt.rcParams['font.sans-serif'] = ['SimHei']
tips = pd.read_csv('tips.txt', index_col=False)
plt.scatter(tips['total_bill'],tips['tip'],color = 'g')
plt.title('tips 散点图')
plt.xlabel('total bill')
plt.ylabel('tips')
plt.show()
```

通过 tips 散点图反映出小费金额集中区间为 10～20,同时随着用餐费用的上升,小费又有随之上升的趋势。反映大规模数据的聚集程度是散点图的优势之一。如果数据集规模过小,则难以显示散点图的优势;而当数据集规模庞大,则应通过参数 alpha 设置点的透明度,避免由于大规模数据叠加而产生面积粘连,设置合适的透明度,将使得数据聚集程度通过色彩的饱和度很好地表现出来。

5.1.2　分类散点图

散点图中包含的数据越多,比较的效果就越好。对于处理值的分布和数据点的分簇,散点图均表现得十分理想。如果数据集中包含非常多的点,那么散点图便是最佳图表类型。默认情况下,散点图以圆圈显示数据点。当散点图中存在多个序列,可以考虑改变每个点的形状或者颜色。

以上述 tips 数据集为例,期望观察不同性别对小费金额的影响,可以对散点图进行性别分类绘制。对于数据集的分类,既可以通过 pandas.DataFrame.groupby()方法,也可以使用 seaborn 的散点图对属性进行自动分类。首先来实现第一种方法分类绘制散点图。DataFrame.groupby()方法能够根据指定属性对数据集自动分组,并返回重构格式的 DataFrame。数据重构后,指定属性的值将会变为索引,此时可以通过 get_group('key') 对指定键值的分组进行提取。首先通过属性 sex 对数据集分组,然后对分组对象分别提取 .get_group('Female') 和 .get_group('Male'),得到女士、男士两组小费数据集,即可使用 plt.scatter() 方法设定不同的颜色呈现两组数据的小费数值表现(如图 5-5 所示)。

```
tips_temp=tips.groupby('sex')
female_set=tips_temp.get_group('Female')
male_set=tips_temp.get_group('Male')
plt.scatter(female_set['total_bill'],female_set['tip'],color = 'b')
plt.scatter(male_set['total_bill'],male_set['tip'],color = 'r')
```

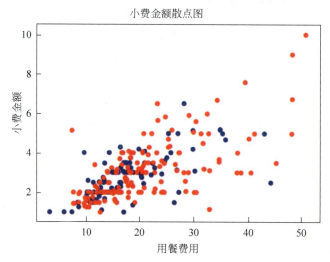

图 5-5　groupby 分组分类散点图

当使用 seaborn 进行分类散点图绘制时,一切会变得非常简单,只需要为分类参数 hue 赋值为期望分类的属性即可:seaborn.scatterplot(x="total_bill", y="tip", hue="sex",data=tips)。通过分类散点图可以清晰地看出,在小费金额方面,男性顾客对于小费更加慷慨,而女性顾客则更大概率地留下更少的小费(如图 5-6 所示)。

完整代码如下。

```
import matplotlib.pyplot as plt
import pandas as pd
import seaborn as sns
plt.rcParams['font.sans-serif'] = ['SimHei']
tips = pd.read_csv('tips.txt', index_col=False)
sns.scatterplot(x="total_bill", y="tip", hue="sex",data=tips)
plt.xlabel('total bill')
```

```
plt.ylabel('tips')
plt.show()
```

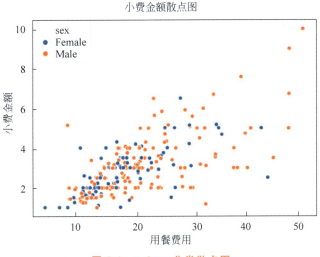

图 5-6　seaborn 分类散点图

5.2　气　泡　图

气泡图(bubble chart)可用于展示 3 个变量之间的关系,它与散点图类似,绘制时将一个变量放在横轴,另一个变量放在纵轴,而第三个变量则用气泡的大小来表示。气泡图与散点图的不同之处在于：气泡图允许在图表中额外加入一个表示大小的变量进行对比。

数据集 crimeRatesByState2005.csv 为美国各州各种犯罪行为的发生率(每 10 万人口),如图 5-7 所示。我们期望发现各州谋杀率和入室盗窃率之间是否有关联,同时把各州的人口显示出来,以此判断人口多的州这两种犯罪率是否也会更高。

数据集下载地址为 http://datasets.flowingdata.com/crimeRatesByState2005.csv。

第一步导入并观察数据集,利用切片将第一行的平均数据去除。crime＝pd.read_csv(r"http://datasets.flowingdata.com/crimeRatesByState2005.csv") crime＝crime[1:]。

```
        state       murder  ...  motor_vehicle_theft  population
0  United States    5.6     ...         416.7          295753151
1      Alabama      8.2     ...         288.3            4545049
2       Alaska      4.8     ...         391.0             669488
3      Arizona      7.5     ...         924.4            5974834
4     Arkansas      6.7     ...         262.1            2776221
```

图 5-7　crimeRatesByState2005.csv

在绘制散点图时,以 murder(谋杀率)为 x 轴,burglary(盗窃率)为 y 轴,s(气泡面积)按 population(人口)调整,因为气泡会存在重叠的情况,所以需要有一定的透明度(alpha),避免因气泡叠加而看不到的情况,如图 5-8 所示。

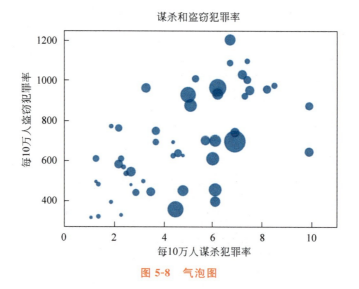

图 5-8　气泡图

可以看出谋杀率和入室盗窃率之间是呈正比关系的,但是人口多并不会造成犯罪率的升高。此外,可以通过设置 scatter 命令中的 c(颜色)参数,来展示四维图像。

全部代码如下。

```
import pandas as pd
from matplotlib import pyplot as plt
crime=pd.read_csv(r"http://datasets.flowingdata.com/crimeRatesByState2005.csv")
crime=crime[1:]
plt.scatter(crime["murder"],crime["burglary"],s=crime["population"]/40000,alpha=0.6)
plt.xlim(0,11)
plt.xlabel("Murder per 100,000 population")
plt.ylabel("Burglary per 100,000 population")
plt.title("Murder & Burglary")
plt.show()
```

5.3　直　方　图

在统计学中,直方图(histogram)是一种对数据分布情况的图形表示,是一种二维统计图表,它的两个坐标分别是统计样本和该样本对应的某个属性的度量,以长条图的形式具体表现。因为直方图的长度及宽度很适合用来表现数量上的变化,所以较容易解读差异小的数值。下面以图像直方图来说明其工作原理。我们熟悉的直方图更多的是作为图像的后期工具,大多数人可能都只是用它来观察一张照片的曝光分布趋势,实际上直方图可以挖掘的信息量非常庞大,许多照片细节都隐藏在直方图之中。

在图 5-9 中,横轴表示亮度,从左到右表示亮度从低到高。直方图的纵轴表示像素数

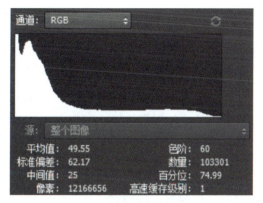

图 5-9　图像直方图

量,从下到上表示像素从少到多。直方图在某个亮度区间的凸起越高,就表示在这个亮度区间内的像素越多。比如这个直方图的凸起就主要集中在左侧,也就是说这张照片的亮度整体偏低。

直方图是一个可以快速展示数据概率分布的工具,直观易于理解,并深受数据爱好者的喜爱。Python 中 Matplotlib 基于 NumPy 的 histogram 进行了多样化的封装并提供了完善的可视化功能。可以利用方法 matplotlib.pyplot.hist(x, bins, color, label, alpha, orientation, rwidth)绘制直方图,下面解释一下常用的参数。

① x:指定要绘制直方图的数据;输入值,这需要一个数组或者一个序列,不需要长度相同的数组。

② bins:指定直方图条形的个数。

③ color:设置直方图的填充色。

④ label:设置直方图的标签,可通过 legend 展示其图例。

⑤ alpha:透明度,浮点数。

⑥ orientation:设置直方图的摆放方向,默认为垂直方向。

⑦ rwidth:设置直方图条形宽度的百分比。

从数学意义上来看,直方图是分箱到频数的一种映射,它可以用来估计变量的概率密度函数。通过 Python 语言进行直方图绘制,首先利用 numpy.random.laplace()从拉普拉斯分布上提取出来浮点型样本数据。这个分布比标准正态分布拥有更宽的尾部,并有两个描述参数(location=15 和 scale=3),由于这是一个连续型的分布,对于每个单独的浮点值并不能做很好的标签。但我们可以将数据做分箱处理,然后统计每个箱内观察值的数量,这就是真正的直方图所要做的工作。在 x 轴上定义了分箱边界,y 轴是相对应的频数,通过 matplotlib.pyplot.hist()进行直方图绘制,用户无须手动定义分箱的数目,而可以通过设置 bins='auto'自动在写好的两个算法中择优选择并最终算出最适合的分箱数。这里,算法的目的就是选择出一个合适的区间(箱)宽度,并生成一个最能代表数据的直方图来,并获得返回值。n 为数组或数组列表,表示直方图的值;bins 为数组,返回各个 bin 的区间范围;patches 为列表的列表或列表(如图 5-10 所示)。

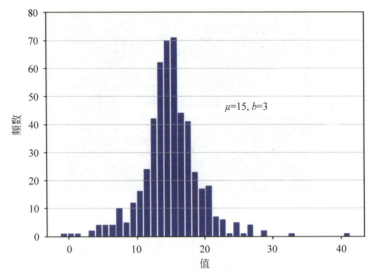

图 5-10　Laplace 直方图

完整代码如下。

```
import matplotlib.pyplot as plt
import numpy as np
#numpy生成拉普拉斯分布,loc偏移量15,scale缩放3,产生数据量size为500
d = np.random.laplace(loc=15, scale=3, size=500)
n, bins, patches = plt.hist(x=d, bins='auto', color='#0504aa', alpha=0.7,
rwidth=0.85)
plt.grid(axis='y', alpha=0.75)
plt.xlabel('Value')
plt.ylabel('Frequency')
plt.title('Histogram')
plt.text(23, 45, r'$\mu=15, b=3$')
maxfreq = n.max()
#设置y轴的上限
plt.ylim(ymax=np.ceil(maxfreq / 10) * 10 if maxfreq %10 else maxfreq +10)
plt.show()
```

KDE(Kernel Density Estimation)为核密度估计,用于估计随机变量的概率密度函数,可以将数据变得更平缓。利用 Pandas 库,通过 plot.kde()创建一个核密度绘图,plot.kde()对于 Series 和 DataFrame 数据结构都适用。首先,我们先生成两个不同的正态分布数据样本作为比较。在同一个 Matplotlib 轴上绘制每个直方图以及对应的 KDE,Pandas 中 plot.kde()可以自动将所有列的直方图和 KDE 显示出来,十分方便(如图 5-11 所示)。

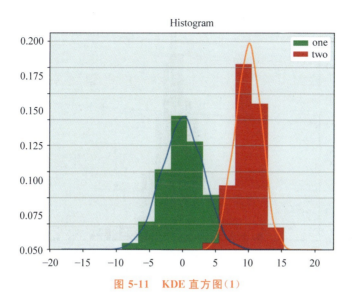

图 5-11　KDE 直方图（1）

完整代码如下。

```
import matplotlib.pyplot as plt
import numpy as np
import pandas as pd
means = 0, 10
stdevs = 3, 2
#生成两个正态分布数据
dist = pd.DataFrame(
np.random.normal(loc=means, scale=stdevs, size=(1000, 2)), columns=['one',
'two'])
fig, ax = plt.subplots()
dist.plot.kde(ax=ax, legend=False, title='Histogram')
dist.plot.hist(density=True, ax=ax)
ax.set_ylabel('Probability')
ax.grid(axis='y')
ax.set_facecolor('#d8dcd6')
plt.show()
```

Seaborn 是在 Matplotlib 的基础上进一步封装的强大工具。对于直方图而言，Seaborn 有 distplot() 方法可以将单变量分布的直方图和 KDE 同时绘制出来，使用十分方便，distplot() 方法默认绘制 KDE，并提供 fit 参数，可以根据数据的实际情况自行选择一个特殊的分布对应（如图 5-12 所示）。

完整代码如下。

```
import seaborn as sns
import matplotlib.pyplot as plt
import numpy as np
```

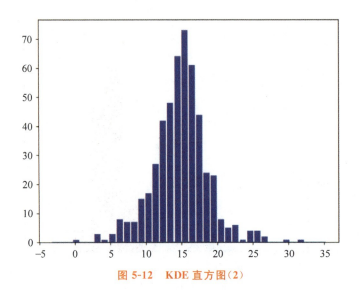

图 5-12　KDE 直方图（2）

```
d = np.random.laplace(loc=15, scale=3, size=500)
n, bins, patches = plt.hist(x=d, bins='auto', color='#0504aa', alpha=0.7, rwidth=0.85)
sns.distplot(d)
plt.show()
```

5.4　练　习

练习题

1. 散点图是对成组的（　　）数值进行比较，气泡图是对（　　）数值进行比较。
   A. 两个；两个　　　　B. 两个；三个　　　　C. 三个；两个　　　　D. 四个；三个
2. 作为电子商务企业，以下（　　）可以有效地提供不同商品的销售和趋势情况。
   A. 饼图　　　　　　　　　　　　　　　B. 分组直方图
   C. 气泡图　　　　　　　　　　　　　　D. 条形图和折线图的组合图
3. 简述散点图与气泡图有哪些相同点和不同点。
4. 简述什么是直方图。

第6章 可视化的更多选择

不同的可视化图例对于不同类型的数据具有展现优势,而在数据可视化表达中,图像的排列与组合、坐标轴的细节与样式,同样起到重要的辅助作用。本章将介绍更多的可视化表现选择,包括子图的划分:均匀划分与非均匀划分,坐标轴样式、颜色、共享坐标轴等,并通过 Python 语言实现。

6.1 画布划分

多维度的图例组合显示能够让可视化的效果更加全面直观,这种组合既可以是等分大小的图例对多种参数实验结果的展示,也可以是由主图、副图对不同维度属性进行分析的论证(如图 6-1 所示)。

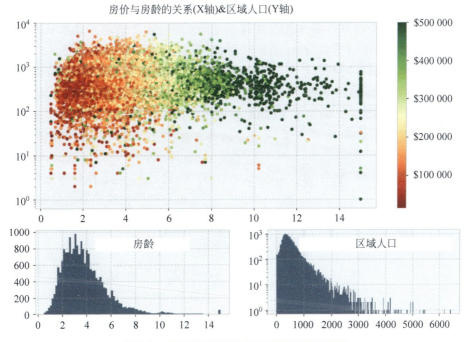

图 6-1 由主图、副图组合而成的可视化图例

6.1.1 均匀划分

Matplotlib 可以组合多个小图并放在一张大图里面显示,可以通过方法 matplotlib.pyplot.subplot(nrows,ncols,index)指定添加的子图位置,参数 nrows、ncols、index 表示在包含 nrows 行 ncols 的网格中当前子图占据第 index 个位置。index 由最左上角向右从 1 开始计数。

例如对于图 6-2 中左侧第一个子图进行绘制,可以通过 plt.subplot(2,2,1)定位到子图 1 的位置,即主图中包含 2 行 2 列子图,当前定位子图为 1 号子图。子图排序为从左至右,从上到下。还可以利用参数 pos:作用与 nrows、ncols、index 相同。pos 是一个三位的整数,三位分别代表了行数 nrows、列数 ncols 以及索引 index。但要注意的是使用 pos 时,三个数字必须都是小于 10 的。Subplot(2,3,1)与 Subplot(231)是等效的。plt.subplot(222)定位到子图 2 的位置。定位子图后即可对子图进行绘制,与前面章节讲述的绘制方法无异。

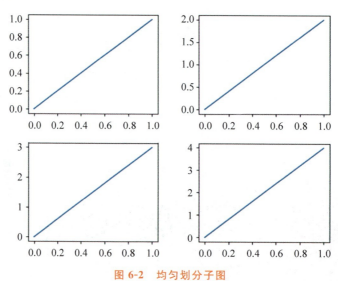

图 6-2 均匀划分子图

绘制图 6-2 的代码如下。

```
import matplotlib.pyplot as plt
plt.subplot(2, 2, 1)
plt.plot([0, 1], [0, 1])
plt.subplot(222)
plt.plot([0, 1], [0, 2])
plt.subplot(223)
plt.plot([0, 1], [0, 3])
plt.subplot(224)
plt.plot([0, 1], [0, 4])
plt.tight_layout()
plt.show()
```

6.1.2 非均匀划分

当子图中某一个图例包含的的数据更多、信息量更大,或单纯地希望突出显示、占据更多的图片空间时,可以将某一个或几个子图放大。以图 6-2 的 4 个小图为例,如果把第 1 个小图放在第 1 行,剩下的 3 个小图放在第 2 行,那么一个子图就会呈现出主图的效果,其余 3 个子图则变为辅助说明,如图 6-3 所示。

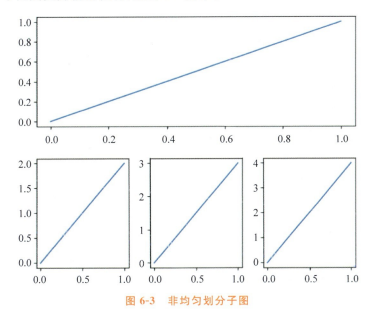

图 6-3　非均匀划分子图

此时可以使用 plt.subplot(2,1,1)将整个图像窗口分为 2 行 1 列,当前位置为 1;通过 plt.plot([0,1],[0,1])在第 1 个位置创建一个小图。使用 plt.subplot(2,3,4)将整个图像窗口分为 2 行 3 列,当前位置为 4;通过 plt.plot([0,1],[0,2])在第 4 个位置创建一个小图。后面两图以此类推。可以看出对于画布的划分是针对整个画布的,而不是画布剩余部分。

在线条或者图表下添加网格会使可视化图像更加清晰,让用户通过肉眼即可轻松看出图片的不同,并能够帮助我们比较图表中细微的差异。可以使用 matplotlib.pyplot.grid 来设置网格的可见度、密度和风格,或是否显示网格。网格划分的另一个优势在于子图可以覆盖不同数量的网格,实现图像大小的变化,这对于多子图的展示提供了更多的选择。

通过方法 matplotlib.pyplot.subplot2grid()可以定制网格区域,使用 subplot2grid()函数的 rowspan 和 colspan 参数可以让子区跨越固定的网格布局的多个行和列,实现不同的子区布局。使用 subplot2grid(shape,loc)将参数 shape 所划定的网格布局作为绘图区域,实现在参数 loc 位置处绘制图形的目的。

例如,图 6-4 通过 matplotlib.pyplot.subplot2grid 来创建第 1 个子图,以最小尺寸的子图(左下 1、左下 2)作为单位,画布应划分为 3 行 3 列,同时需要说明从第 0 行第 0 列开

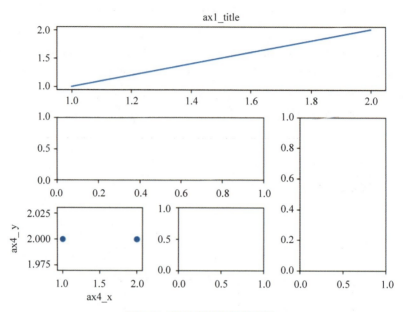

图 6-4　非均匀划分网格子图

始作图(0,0),子图 1 占用一行,即行的跨度为 1(rowspan=1),列跨度为 3(colspan=3),如果没有明确指明参数 colspan 和 rowspan,默认跨度为 1。子图 1 定位即为 matplotlib.pyplot.subplot2grid((3,3),(0,0),colspan=3)。下面来创建第 2 个子图:matplotlib.pyplot.subplot2grid((3,3),(1,0),colspan=2),子图 2 从第 1 行第 0 列开始作图,列的跨度为 2。后续子图以此类推。

不同的子图与独立的可视化图例一样,可以指定不同的颜色及背景,以达到最佳的可视化表达效果。例如实现如图 6-5 的可视化表达,这种多子图非均匀划分的网格视图是常见的科学实验数据展现方式。针对不同的子图可分别设置背景及颜色,例如区域 1 背景颜色'gray',图形红色;区域 2 背景颜色'#FFDAB9',图形绿色;区域 3 背景颜色'#FF7F50',透明度均为 0.5,画布背景色'lightgray'。对于子图中的函数曲线值,可以在自定义函数中借助 NumPy 方法实现,例如区域 2:np.exp(-t),区域 3:np.exp(-t) * np.cos(2 * np.pi * t)。分区域设置背景色时,通过 matplotlib.pyplot.gcf()获取当前画布对象,设置当前图表的前景色;而对于画布中不同的子图(坐标系)则通过 matplotlib.pyplot.gca()函数获取当前坐标系 Axes 对象,坐标系对象中属性 patch 为 Axes 坐标系背景对象,通过 patch.set_facecolor()方法来设置坐标轴的背景颜色。

需要注意的是,matplotlib 中自带的 TeX 功能可以实现对数学表达式的支持,当图形中需要添加带有数学公式的文本时很有用。用两个美元符号 $ $ 包起来的字符串,将按照 TeX 规范进行解析,例如 π 将被渲染成希腊字母 π,A^B 中^符号将后面的字符解析成上标,即 A^B,对应的 A$\_B$ 中_将 B 解析成下标。

绘制图 6-5 的代码如下。

```
import matplotlib.pyplot as plt
```

第 6 章 可视化的更多选择

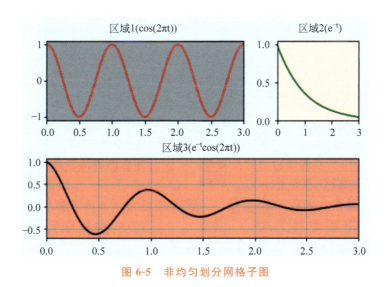

图 6-5 非均匀划分网格子图

```
import numpy as np
plt.rcParams['font.sans-serif'] = ['SimHei']    #用来正常显示中文标签
plt.rcParams['axes.unicode_minus'] = False      #用来正常显示负号
'''在三个子区域绘制三个数学函数图像'''
t1 = np.arange(0.0, 3.0, 0.01)                  #自变量取值,在(0, 3)区间,每隔 0.01 取值
def f1(t):
    return np.cos(2 * np.pi * t)
def f2(t):
    return np.exp(-t)
def f3(t):
    return np.exp(-t) * np.cos(2 * np.pi * t)
'''画布背景颜色'''
fig=plt.gcf()                                   #获取当前图表
fig.set_facecolor('lightgray')
plt.subplot2grid((2,3), (0,0), colspan=2)
plt.plot(t1, f1(t1), 'r')                       #折线图
plt.xlim(0, 3.0)                                #坐标轴 x 轴范围
'''设置 ax1 区域背景颜色'''
ax1=plt.gca()                                   #获取当前坐标系(子图)
ax1.patch.set_facecolor("gray")                 #设置当前坐标系背景颜色和透明度
ax1.patch.set_alpha(0.5)
plt.title('区域 1(cos(2$\pi$t))')                #TeX 功能实现对数学表达式的支持
plt.subplot2grid((2,3), (0,2))
plt.plot(t1, f2(t1), 'g')
plt.xlim(0, 3.0)
'''设置 ax2 区域背景颜色'''
ax2=plt.gca()                                   #获取当前坐标系
ax2.patch.set_facecolor("#FFDAB9")
```

```
ax2.patch.set_alpha(0.5)
plt.title('区域 2(e$^-$$^t$)')
plt.subplot2grid((2,3), (1,0), colspan=3)
plt.plot(t1, f3(t1), 'k')
plt.xlim(0, 3.0)
plt.grid(True, ls=':', c='c')                    #网格线的风格'……'
'''设置 ax3 区域背景颜色'''
ax3=plt.gca()                                     #获取当前坐标系
ax3.patch.set_facecolor("#FF7F50")
ax3.patch.set_alpha(0.5)
plt.title('区域 3(e$^-$$^t$cos(2$\pi$t))')
plt.suptitle('非等分画布图形展示',y=1.05, fontsize=15)   #画布标题,略微向上调整
plt.tight_layout()                                #设置默认的间距
plt.show()
```

6.2 坐标轴与刻度

坐标轴作为可视化图形的重要组成部分,对可视化效果起到不容忽视的作用。一个好的可视化展现,坐标轴的样式、颜色、刻度、标签等多种属性都需要考虑。本节将通过国内生产总值与菜品利润数据集展示常用的坐标轴样式及实现方法。

6.2.1 颜色与标签

图 6-6(a)为 3.1 节所实现的单柱图,x 轴标签"春""夏""秋""冬"表达清晰,然而并不是所有的刻度标签都可以通过这种简单清晰的方式表达,例如图 6-6(b)。

图 6-6(b)因菜品名称标签文字过长而导致重叠不清晰。当刻度标签文字过长时,可以通过设置倾斜角度来解决。通常在新闻、报纸等表达日期相关的图例时我们经常能看到这种调整。为了对刻度进行强调,还可设置相关的图示修饰刻度点显示,如图 6-7所示。

下面我们利用 2012—2017 年国内季度生产总值数据实现上述折线图的绘制,数据集为 data.npz(如图 6-8 所示)。npy 文件是 NumPy 保存数组的二进制文件,文件名对应数组名,.npz 文件是包含多个.npz 文件的打包文件,NumPy 的 load()函数能够自动识别.npz 文件,并且返回一个类似于字典的对象,可以通过数组名作为关键字获取数组的内容,例如文件 data.npz 包含两个二进制数组文件:name.npy 和 values.npy,name 存放表头数组,values 存放数据。

```
data = np.load('array_save.npz')
name = data['names']                        ##提取其中的 names 数组,视为数据的标签
values = data['values']                     ##提取其中的 values 数组,数据值
```

首先针对数据集获取'时间'列作为 x 轴:year_seasons = [values[i][1] for i in range(len(values))];获取产业生产总值作为 y 轴。

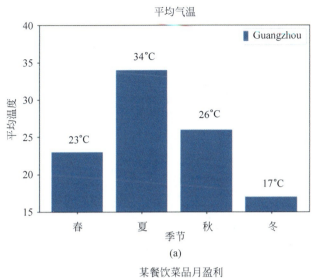

(a)

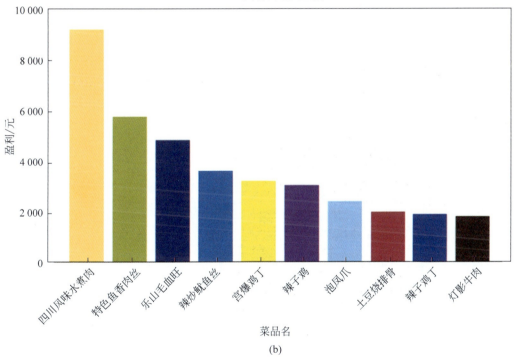

(b)

图 6-6 平均气温柱形图和某餐饮菜品月盈利图

```
y0 = values[:, 3]                              #第一产业生产总值
y1 = values[:, 4]                              #第二产业生产总值
y2 = values[:, 5]                              #第三产业生产总值
```

matplotlib.pyplot.subplots()返回值是一个元组(tuple)。这个元组中包含了一个 figure 对象和 axes 对象集合。因此,当采用 fig, ax = matplotlib.pyplot.subplots()这样的用法时,相当于把返回的 tuple 解压(unpack)成 fig 和 ax 两个变量。Fig 变量可以让我

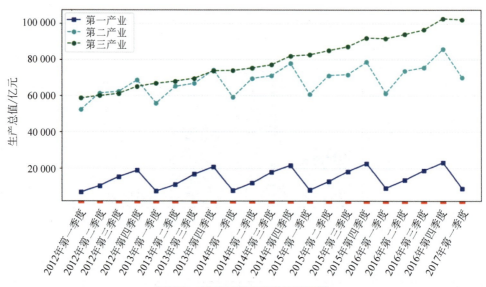

图 6-7　国内季度生产总值折线图

```
In [9]:   1 name
Out[9]: array(['序号', '时间', '国内生产总值_当季值(亿元)', '第一产业增加值_当季值(亿元)', '第二产业增加值_当季值(亿元)',
               '第三产业增加值_当季值(亿元)'], dtype=object)

In [10]:   1 values
Out[10]: array([[1, '2012年第一季度', 117593.9, 6687.0, 52317.4, 58589.5],
                [2, '2012年第二季度', 131682.5, 10279.8, 61434.1, 59968.6],
                [3, '2012年第三季度', 138622.2, 15197.0, 62257.3, 61168.0],
                [4, '2012年第四季度', 152468.9, 18738.5, 68634.5, 65095.9],
                [5, '2013年第一季度', 129747.0, 7169.6, 55862.3, 66715.0],
                [6, '2013年第二季度', 143967.0, 10842.3, 65131.3, 67993.4],
                [7, '2013年第三季度', 152905.3, 16593.1, 66750.0, 69562.3],
                [8, '2013年第四季度', 168625.1, 20724.1, 74212.5, 73688.5],
                [9, '2014年第一季度', 140618.3, 7491.9, 59221.5, 73905.0],
                [10, '2014年第二季度', 156461.3, 11653.4, 69541.1, 75266.8],
                [11, '2014年第三季度', 165711.9, 17675.6, 71024.7, 77011.6],
                [12, '2014年第四季度', 181182.5, 21522.7, 77784.5, 81875.3],
                [13, '2015年第一季度', 150986.7, 7770.4, 60724.7, 82491.6],
                [14, '2015年第二季度', 168503.0, 12486.7, 71147.4, 84868.9],
                [15, '2015年第三季度', 176710.4, 18087.5, 71665.3, 86957.7],
                [16, '2015年第四季度', 192851.9, 22517.5, 78502.9, 91831.6],
                [17, '2016年第一季度', 161572.7, 8803.0, 61325.0, 91444.7],
                [18, '2016年第二季度', 180743.7, 13293.7, 73652.7, 93797.3],
                [19, '2016年第三季度', 190529.5, 18569.0, 75556.9, 96403.7],
                [20, '2016年第四季度', 211281.3, 23005.0, 85701.5, 102574.8],
                [21, '2017年第一季度', 180682.7, 8654.0, 70004.5, 102024.2]],
               dtype=object)
```

图 6-8　data.npz 数据集

们修改 figure 层级（figure-level）的属性或者将 figure 保存成图片，例如：fig.savefig('temp.png')。ax 变量中保存着所有子图的可操作 axes 对象。

方法 fig,ax = plt.subplots()等价于：

```
fig = plt.figure()
ax = fig.add_subplot(1,1,1)
```

通过 Axes.set_xticklabels()方法中参数 rotation 对 x 轴刻度标签设置旋转角度：

ax1.set_xticklabels(year_seasons, rotation=80, fontsize='12')。

设置刻度标签风格时，我们利用方法 matplotlib.pyplot.tick_params(axis,**kwargs)，也可以通过 ax = plt.gca()，写成 ax.tick_params(axis='both', **kwargs)。

常用参数如下。

① axis：可选{'x', 'y', 'both'}，选择操作坐标轴，默认是'both'。

② reset：bool，将所有参数设置为默认值，默认值为 False。

③ width：float，刻度的宽度。

④ color：刻度颜色。

⑤ pad：float，刻度线与刻度值之间的距离。

⑥ labelsize：刻度值字体大小。

⑦ labelcolor：刻度值颜色。

⑧ colors：同时设置刻度线和刻度值的颜色。

我们利用 fig, ax1 = plt.subplots(figsize=(10,6)) 获取图像对象 fig 和坐标系对象 ax1，通过 ax1.tick_params(axis='x',color='r',width=9,labelcolor='k',labelsize=5) 设置坐标轴刻度为红色，宽度为 9 像素，刻度标签为黑色，大小为 5 像素，操作对象为 x 轴。

代码如下。

```
import numpy as np
import pandas as pd
import matplotlib.pyplot as plt
plt.rcParams['font.sans-serif'] = ['SimHei']    #用来正常显示中文标签
plt.rcParams['axes.unicode_minus'] = False      #用来正常显示负号
data = np.load('array_save.npz')
name = data['names']                    ##提取其中的 columns 数组,视为数据的标签
values = data['values']                 ##提取其中的 values 数组,数据的存在位置
#获取'时间'列作为 x 轴,产值作为 y 轴
year_seasons = [values[i][1] for i in range(len(values))]
y0 = values[:, 3]                       #第一产业生产总值
y1 = values[:, 4]                       #第二产业生产总值
y2 = values[:, 5]                       #第三产业生产总值
fig, ax1 = plt.subplots(figsize=(10, 6))
#绘制折线图
x = np.arange(0, 10, 1)                 #x 轴刻度位置
ax1.plot(year_seasons, y0, 'b-', label='第一产业', marker='s')
ax1.tick_params(axis='x',color='r',width=9,labelcolor='k',labelsize=5)
ax1.set_xticklabels(year_seasons, rotation=80, fontsize='12')
ax1.plot(year_seasons, y1, 'c--', label='第二产业', marker='o')
ax1.plot(year_seasons, y2, 'g--', label='第三产业', marker='o')
plt.xlabel('年份')
plt.ylabel('生产总值(亿元)')
plt.title('2012-2017年各产业季度生产总值折线图')
plt.legend(['第一产业', '第二产业', '第三产业'])
```

```
plt.grid(axis='y', ls='--', alpha=0.4) #y轴网格线
plt.show()
```

6.2.2 共享坐标轴

当需要从多个维度对数据含义进行展现时,一幅图像中可绘制多个图形。然而多个图形的表现意义和单位可能完全不同,此时可以采用共享坐标轴的方式同时绘制两种曲线,即共享一个 x 轴坐标,y 轴左右分别使用两个刻度标识。可以利用函数 Axes.twinx()和 Axes.twiny(),来生成坐标轴实例以共享 x 或者 y 坐标轴。

使用 matplotlib.pyplot.subplots(nrows, ncols, sharex=False, sharey=False),其中 nrows 和 ncols 分别用来确定绘制子图的行数和列数。sharex 和 sharey 用来确定是否共享坐标轴刻度,当设置为 True 或者 All 时,会共享参数刻度;设置为 False 或者 None 时,每一个子绘图会有自己独立的刻度;设置为 row 或者 col 时即共享行或列的 x,y 坐标轴刻度;当 sharex='col'时,只会创建该列最底层 Axes 的 x 刻度标签,如果需要其他的标签显示,可使用方法 tick_params()。

数据集 dish_profit.xls 为某餐饮店畅销菜品的盈利额,包含'菜品 ID' '菜品名称' '盈利'三个字段。图 6-9 为以菜品名称为 x 轴、菜品盈利及盈利比例累加为 y 轴的共享坐标轴图例。如图 6-9 所示,图中柱形图和折线图同时存在,即两个坐标系同属于图像 fig 对象。可以先实现以'盈利'为 y 轴的柱形图,通过方法 fig, ax1 = plt.subplots(figsize=(10,6))获取图像对象 fig 及坐标系对象 ax1,进而实现柱形图的绘制。通过 6.2.1 节对 fig, ax = matplotlib.pyplot.subplots()的讲解可以了解 fig 代表绘图窗口(Figure),ax 代表这个绘图窗口上的坐标系(Axes)。当窗口包含多个坐标系时,需要使用 ax(坐标系),而非 fig 或 plt 直接指定图表。

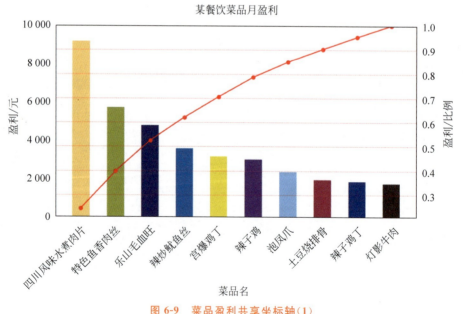

图 6-9 菜品盈利共享坐标轴(1)

柱形图绘制完成后,通过 ax2 = ax1.twinx() 设置 ax2 的坐标轴与 ax1 共用 x 轴,进而得到坐标系 ax2,并在 ax2 上绘制折线图。为区分左右两侧 y 轴,还可以为坐标轴设置不同颜色：ax2.spines['right'].set_color('r') 设置右侧坐标轴颜色；ax2.spines['left'].set_color('g') 设置左侧坐标轴颜色。可视化图像中有时为了强调某一关键点,可以通过 Axes.annotate(s, xy, *args, **kwargs) 添加注解。常用参数如下。

① s 为注释文本内容

② xy 为被注释的坐标点

③ xytext 为注释文字的坐标位置

④ xycoords 参数如下：

'figure points' 距离图形左下角的点数量

'figure pixels' 距离图形左下角的像素数量

'figure fraction' 0,0 是图形左下角,1,1 是右上角

'axes points' 距离轴域左下角的点数量

'axes pixels' 距离轴域左下角的像素数量

'axes fraction' 0,0 是轴域左下角,1,1 是右上角

'data' 使用轴域数据坐标系

⑤ extcoords 设置注释文字偏移量

注释及箭头的样式可通过参数 arrowprops 和 connectionstyle 设置。connectionstyle 常用属性如下。

① angle：angleA=90,angleB=0,rad=0.0

② angle3：angleA=90,angleB=0

③ arc：angleA=0,angleB=0,armA=None,armB=None,rad=0.0

④ arc3：rad=0.0

⑤ bar：armA=0.0,armB=0.0,fraction=0.3,angle=None

Arrowprops 常用属性如下。

① width：箭头宽度,以点为单位

② frac：箭头头部所占据的比例

③ headwidth：箭头的底部的宽度,以点为单位

④ shrink：移动提示,并使其离注释点和文本有一些距离

针对菜品数据,首先通过变量 p 记录累加的盈利比例：1.0 * data.cumsum()/data.sum(),按盈利由大到小累加盈利比例。例如,我们希望标记出超过盈利 80% 的点,首先需要定位到首次超过盈利 80% 的点 ind 及其对应坐标,以便确定注释文字显示位置(如图 6-10 所示)。

```
ind = 0
for x in np.arange(0, 10):
    if p[x] >= 0.8:
        ind = x
        break
```

```
ax2.annotate(format(p[ind], '.4%'), xy = (ind, p[ind]), xytext=(ind * 1.1, p
[ind] * 0.9), fontsize=12, arrowprops=dict(arrowstyle="->", connectionstyle
="arc3,rad=.1"))
```

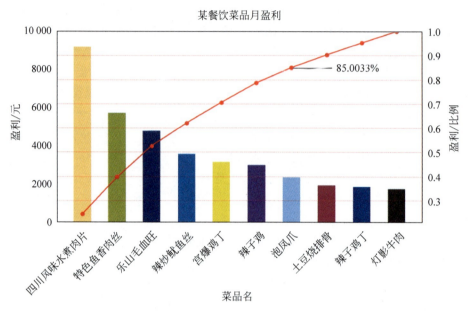

图 6-10　菜品盈利共享坐标轴（2）

```
import numpy as np
import pandas as pd
import matplotlib.pyplot as plt
plt.rcParams['font.sans-serif'] = ['SimHei']              #用来正常显示中文标签
plt.rcParams['axes.unicode_minus'] = False                #用来正常显示负号
#初始化参数
dish_profit = 'dish_profit.xls'
data_0 = pd.read_excel(dish_profit, index_col = '菜品名')  #'菜品名'为索引列
data = data_0['盈利'].copy()
data = data.sort_values(ascending = False)                #按盈利由大到小排序
fig, ax1 = plt.subplots(figsize=(10,6))
#绘制柱形图
x = np.arange(0,10,1)                                     #x轴刻度位置
colors = ['                                               #'+hex(i**3)[-6:] for i in data.
values]                                                   #自定义柱体颜色,颜色根据盈利值计算
ax1.bar(x, data, label='盈利(元)', color=colors, alpha=0.9, width=0.5, tick_
label=data.index)
label_font = {'size':14, 'weight':'bold'}                 #标题和标签字体样式字典
ax1.set_xlabel('菜品名', fontdict=label_font)              #设置 x 轴标签文字和样式
ax1.set_ylim(ymax=10000)
```

```
ax1.set_ylabel('盈利(元)', color='g', fontdict=label_font)
                                        #设置 y 轴标签文字和样式
#设置 x 轴刻度标签文字样式,ax1.get_xmajorticklabels()获取主刻度标签文字
for ticklabel in ax1.get_xmajorticklabels():
    ticklabel.set_fontsize(12)          #字号
    ticklabel.set_rotation(20)          #文字旋转 20°
#设置 ax2 的坐标轴与 ax1 共用 x 轴
ax2 = ax1.twinx()
p = 1.0 * data.cumsum()/data.sum()      #按盈利由大到小累加盈利比例
#绘制折线
ax2.plot(x, p, 'r-', label='盈利(比例)', marker='o')
                                        #marker='o',数据点的形状'circle'
ax2.set_ylim(ymax=1)                    #y 轴最大值
#指出累计值第一次超过 80%的点 ind
ind = 0
for x in np.arange(0, 10):
    if p[x] >= 0.8:
        ind = x
        break
ax2.annotate(format(p[ind], '.4%'), xy = (ind, p[ind]), xytext=(ind * 1.1,
p[ind] * 0.9), fontsize=12,
arrowprops=dict(arrowstyle="->", connectionstyle="arc3,rad=-.1"))
                    #添加注释,即 85%处的标记。这里包括了指定箭头样式。rad 弧度
ax2.set_ylabel('盈利(比例)', color='r', fontdict=label_font)
                                        #设置 y 轴标签文字和样式
ax2.spines['right'].set_color('r')      #设置右侧坐标轴颜色
ax2.spines['left'].set_color('g')       #设置左侧坐标轴颜色
ax2.grid(axis='y',color='r', ls=':', alpha=0.7)   #y 轴网格线
plt.title('某餐饮菜品月盈利', y=1.03, fontsize=14)  #标题,设置标题位置,文字大小
fig.set_facecolor('lightgrey')
plt.show()
```

6.3 练 习

练习题

1. 哪些情况适合采用画布划分的方式进行可视化展现?
2. 共享坐标轴展示与画布划分可视化展示分别适合什么场景?
3. 方法 fig, ax = matplotlib.pyplot.subplots() 的返回值中 fig, ax 分别代表什么含义?
4. 某城市四季平均最高气温为 23℃,34℃,26℃,17℃,平均湿度为 60%,75%,55%,48%,请按照如下要求绘制共享坐标轴图像。

(1) 温度显示为柱形图（左侧 y 轴），湿度显示为折线图（右侧 y 轴）。
(2) x 轴为季节，刻度标签字号 12，倾斜 20°。
(3) 左侧 y 轴标签"平均温度"设为绿色。
(4) 右侧 y 轴代表平均湿度，下限设为 40。
(5) 柱形图图例显示左上，折线图图例显示右上。

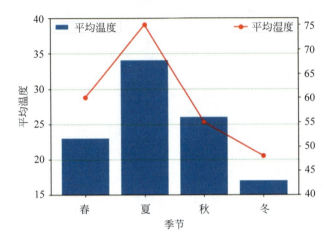

可视化还能做什么

数据可视化把复杂的数据转换为直观的图形呈现给用户,帮助人们发现数据价值、洞察潜在威胁、辅助决策,然而可视化可以做的事情远不止如此,本章将介绍利用可视化包 Missingno 省却人工检测数据集质量的烦琐工作,实现自动的数据集质量探索,并直观呈现出来;利用 seaborn,无须建模、只要简单几步即可完成数据回归预测,并展示给用户易于理解的图像表示形式。

7.1 探索式分析

对于数据的分析可分为验证式分析和探索式分析。验证式分析是一种自上而下的模式。通过设定业务指标,提出分析需求,再根据相关需求进行报表定制。这种模式必须先有想法,再通过数据进行验证。所以验证式分析对数据质量要求很高,如果数据本身出现问题,那么即便通过科学的数据建模进行分析,结果也肯定是错误的。相比于验证式分析,探索式分析对数据质量要求相对较低,同时也不需要复杂的数据建模。探索式分析的意义在于,它允许分析人员或决策者在不清楚数据规律、不知道如何进行数据建模的情况下,通过数据本身所呈现出的可视化图表进行查看和分析。

7.1.1 探索数据缺失情况

没有高质量的数据,就没有高质量的数据挖掘结果,数据缺失是数据分析中经常遇到的问题之一。再好的模型,如果没有好的数据和特征质量,训练出来的效果也不会很好。数据质量对于数据分析而言是至关重要的,有时候它的意义会在某种程度上胜过模型算法。

现实世界中的数据异常杂乱,属性值缺失的情况经常发生,甚至是不可避免的。造成数据缺失的原因可能是多方面的:①信息暂时无法获取,例如在医疗数据库中,并非所有病人的所有临床检验结果都能在给定的时间内得到,致使一部分属性值空缺出来;②信息被遗漏,可能是因为输入时认为不重要而没有输入或对数据理解错误而遗漏,也可能是由于数据采集设备的故障、存储介质的故障、传输媒体的故障以及一些人为因素等原因而丢失;③有些对象的某个或某些属性是不可用的,如一个未婚者的配偶姓名、一个儿童的固定收入状况等;④有些信息(被认为)是不重要的,如一个属性的取值与给定语境无关;⑤获取这些信息的代价太大;⑥系统实时性能要求较高,即要求得到这些信息前迅速做出判断或决策。数据缺失在许多研究领域都是一个复杂的问题。对数据挖掘来说,缺失值的存在,使不确定性更加显著,系统中蕴涵的确定性成分更难把握;包含空值的数据会使数据挖掘过程陷入混乱,导致不可靠的输出;数据挖掘算法本身更致力于避免数据过分拟合所建的模型,这一特性使得它难以通过自身的算法去很好地处理不完整数据。因此,拿到初始数据集后,首要的工作就是对数据缺失值进行探索,查看缺失值的数量集分布,选用合适的方式处理缺失值,进而判断当前的数据质量是否适合进一步分析挖掘。

每次处理数据时,缺失值是必须要考虑的问题。但是手工查看属性的缺失值是非常麻烦的一件事情。Missingno 提供了一个灵活且易于使用的缺失数据可视化和实用程序的小工具集,可以快速直观地分析数据集的完整性。图 7-1 展示了利用 Missingno 来查看数据集的缺失值,右边的迷你图总结了数据集的总的完整性分布,并标出了完整性最大和最小的点。

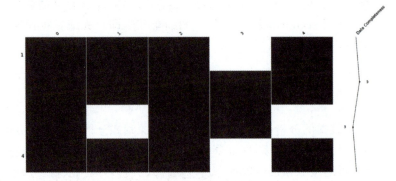

图 7-1　利用 Missingno 查看数据集缺失值情况

下面以 NYPD Motor Vehicle Collisions Dataset 数据集为例,说明 Missingno 数据质量探索过程(如图 7-2 所示)。该数据集来自纽约公开数据项目中公布的数据,包含所有车辆碰撞的细节和相关数据,包括位置和时间信息,以及涉及碰撞的车辆的细节和根本原因,源数据由大约 948000 条记录组成。

这里需要用到数据包管理 quilt,如果尚未安装,请使用 pip intall quilt 进行安装并加载数据。missingno.Matrix()是使用最多的函数,能快速直观地看到数据集的完整性情况。

```
#样例数据使用 NYPD Motor Vehicle Collisions Dataset 数据集,运行下面命令获得数据
pip install quilt
quilt install ResidentMario/missingno_data
#加载数据到内存
from quilt.data.ResidentMario import missingno_data
collisions = missingno_data.nyc_collision_factors()
collisions = collisions.replace("nan", np.nan)
#Matrix()直观地看到数据集的完整性情况,选取 25 条样本
import missingno as msno
%matplotlib inline
msno.matrix(collisions.sample(250))
```

图 7-2　NYPD Motor Vehicle Collisions Dataset 数据集矩阵可视化

可以通过 figsize 指定图像大小，例如 msno.matrix(collisions.sample(250),figsize=(12,5))。矩阵中上方显示了所有的属性，空白代表该属性出现了缺失值，空白条越多，甚至连成空白块（例如属性 CONTRIBUTING FACTOR VEHICLE 4,CONTRIBUTING FACTOR VEHICLE 5）则说明出现了连续大量缺失值。相似地，也可以选择柱形图对数据缺失情况进行显示，只需将 msno.matrix() 方法替换为 msno.bar() 方法。利用柱形图可以更直观地看出每个变量缺失的比例和数量情况，如图 7-3 所示。

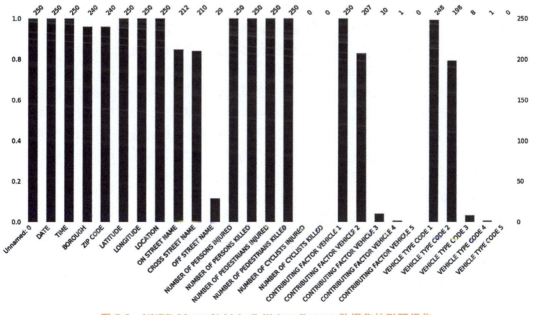

图 7-3　NYPD Motor Vehicle Collisions Dataset 数据集柱形可视化

现已观测到数据集中存在数据缺失,接下来要如何处理呢?大部分数据挖掘的预处理都会使用比较方便的方法来处理缺失值,比如均值法。当数据量比较大、缺失值占比不多时也常常会采用删除法。要根据不同的需要选择合适的方法,并没有一个解决所有问题的万能方法。主要使用的缺失值处理方法有以下三类。

1. 删除记录

删除记录方法的优点是操作简单,缺点则是牺牲了大量的数据,通过减少数据量换取完整的信息,可能会造成重要信息的丢失;当缺失数据比例较大时,特别是缺失数据非随机分布时,直接删除可能会导致数据发生偏离,比如原本的正态分布变为非正态分布;这种方法在样本数据量十分大且缺失值不多的情况下非常有效,但如果样本量本身不大且缺失也不少则不建议使用。

2. 数据填补

对缺失值的填补大体可分为三种:替换缺失值,拟合缺失值,虚拟变量。替换是通过数据中非缺失数据的相似性来填补,其核心思想是发现相同群体的共同特征;拟合是通过其他特征建模来填补;虚拟变量应用衍生出来的新变量代替缺失值。

1)替换缺失值

(1)均值填补

对于定类数据,使用众数填补,比如一个学校的男生和女生的数量,男生500人,女生50人,那么对于其余的缺失值我们会用人数较多的男生来填补。对于定量(定比)数据,使用平均数或中位数填补,比如一个班级学生的身高特征,对于一些学生缺失的身高值就可以使用全班学生身高的平均值或中位数来填补。一般如果特征分布为正态分布时,使用平均值效果比较好;而当分布由于异常值存在不是正态分布的情况下,使用中位数效果比较好。该方法虽然简单,但是不够精准,可能会引入噪声,或者会改变特征原有的分布。如果缺失值是随机性的,那么用平均值比较适合保证无偏,否则会改变原分布。

(2)热卡填补(hot deck imputation)

热卡填补法是在完整数据中找到一个与它最相似的对象,然后用这个相似对象的值来进行填补。通常会找到超出一个的相似对象,在所有匹配对象中没有最好的,而是从中随机地挑选一个作为填补值。这个问题关键是不同的问题可能会选用不同的标准来对相似进行判定,以及如何制定这个判定标准。该方法概念上很简单,且利用了数据间的关系来进行空值估计,但缺点在于难以定义相似标准,主观因素较多。

(3)K均值聚类(K-means clustering)

利用无监督机器学习的聚类方法。通过K均值的聚类方法将所有样本进行聚类划分,然后再通过划分的种类的均值对各自类中的缺失值进行填补。归其本质还是通过找相似来填补缺失值。缺失值填补的准确性就要看聚类结果的好坏了,而聚类结果的可变性很大,通常与初始选择点有关,因此使用时要慎重。

2)拟合缺失值

拟合是利用其他变量做模型的输入进行缺失变量的预测,与正常建模方法一样,只是目标变量变为了缺失值。如果其他特征变量与缺失变量无关,则预测的结果毫无意义。如果预测结果相当准确,则又说明这个变量完全没有必要进行预测,因为这必然是与特征变量间存在重复信息。一般情况下,介于两者之间效果为最好,若强行填补缺失值之后引入了自相关,这会给后续分析造成障碍。

(1) 回归预测

回归预测可基于完整的数据集,建立回归方程。对于有缺失值的特征值,将已知特征值代入模型来估计未知特征值,以此估计值来进行填补。需要注意的是缺失值是连续的,即定量的类型连续,才可以使用回归来预测。

(2) 极大似然估计(maximum likelyhood)

在缺失类型为随机缺失的条件下,假设模型对于完整的样本是正确的,那么通过观测数据的边际分布可以对未知参数进行极大似然估计。这种方法也被称为忽略缺失值的极大似然估计,对于极大似然的参数估计,实际中常采用的计算方法是期望值最大化(Expectation Maximization,EM)。该方法比删除个案和单值填补更有吸引力,它一个重要前提是适用于大样本。有效样本的数量足够多以保证估计值是渐近无偏的并服从正态分布。但是这种方法可能会陷入局部极值,收敛速度不快,并且计算很复杂,且仅限于线性模型。

(3) 多重插补(mutiple imputation)

多重插补的思想来源于贝叶斯估计,认为待插补的值是随机的,它的值来自于已观测到的值。具体实践上通常是估计出待插补的值,然后再加上不同的噪声,形成多组可选插补值。根据某种选择依据,选取最合适的插补值。

3) 虚拟变量

虚拟变量其实就是缺失值的一种衍生变量。具体做法是通过判断特征值是否有缺失值来定义一个新的二分类变量。比如,特征为 A 含有缺失值,我们衍生出一个新的特征 B,如果 A 中特征值有缺失,那么相应的 B 中的值为 1;如果 A 中特征值没有缺失,那么相应的 B 中的值为 0。

3. 不处理

补齐处理只是将未知值补以我们的主观估计值,不一定完全符合客观事实,在对不完备信息进行补齐处理的同时,我们或多或少地改变了原始的信息系统。而且,对空值不正确的填补往往将新的噪声引入数据中,使挖掘任务产生错误的结果。因此,在许多情况下,我们还是希望在保持原始信息不发生变化的前提下对信息系统进行处理。

在实际应用中,一些模型无法应对具有缺失值的数据,因此要对缺失值进行处理。然而还有一些模型本身就可以应对具有缺失值的数据,此时无须对数据进行处理,比如 Xgboost、rfr 等高级模型。

7.1.2 探索属性关系

相关性分析是量化不同因素间变动状况一致程度的重要指标。在样本数据降维、缺失值估计、异常值修正方面发挥着极其重要的作用,是机器学习样本数据预处理的核心工具。样本因素之间相关程度的量化使用相关系数corr,这是一个取之在[-1,1]之间的数值型,corr的绝对值越大,不同因素之间的相关程度越高。负值表示负相关(因素的值呈反方向变化),正值表示正相关(因素的值呈同方向变化)。Missingno相关性热图反映了一个属性变量的存在或不存在如何强烈影响另一个的存在,因为是判断存在与不存在的关系(有和无的关系),所以仅针对存在空值的属性分析(如图7-4所示)。

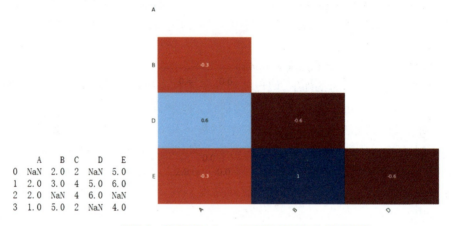

图7-4 利用Missingno查看数据集属性相关情况

如果数据出现全缺失或全空,对相关性是没有意义的,例如date列就没有出现在图中。热图方便观察两个变量间的相关性,但是当数据集变大,这种结论的解释性会变差(如图7-5所示)。

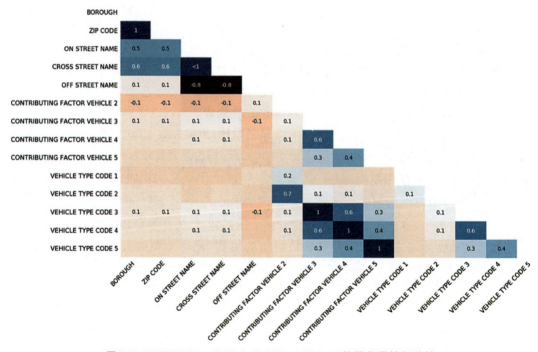

图7-5 NYPD Motor Vehicle Collisions Dataset数据集属性相关性

相关性经常被解释为因果关系,这是一个很大的误解。变量之间的相关性并不表示因果关系。对任何高度相关的变量都应该仔细检查和考虑。图 7-6 展示了经典的鹳来接生婴儿理论。研究表明,城市周边鹳类数量的增加与城市医院外接生数量的增加之间存在显著的相关性。图 7-6(a)的图表显示鹳的数量增加(粗黑线),医院分娩的数量(白色三角形标记)减少。另一方面,图 7-6(b)的图表显示,医院外分娩的数量(白色方块标记)遵循鹳数量增加的模式。虽然这项研究并不是为了科学地证明婴儿鹳理论,但它表明,通过高相关性,某种关系可能看起来是因果关系。这可能是由于一些未观察到的变量。例如,人口增长可以是另一个因果变量。相关性在许多应用中都非常有用,尤其是在进行回归分析时。然而,它不应与因果关系混在一起,并以任何方式被误解。还是应该始终检查数据集中不同变量之间的相关性,并在探索和分析过程中收集一些意见。

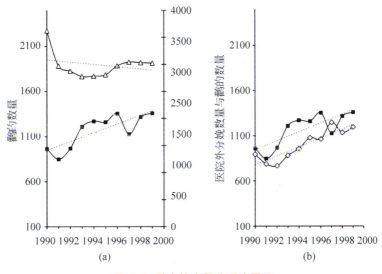

图 7-6　鹳来接生婴儿理论图示

7.2　数据预测

7.2.1　回归分析原理

回归分析(regression analysis)是一种统计学上分析数据的方法,目的在于了解两个或多个变量间是否相关、相关方向与强度,并建立数学模型以便观察特定变量来预测研究者感兴趣的变量。更具体地来说,回归分析可以帮助人们了解在只有一个自变量变化时因变量的变化量。一般来说,通过回归分析我们可以由给出的自变量估计因变量的条件期望。回归分析是建立因变量 Y(或称依变量、反因变量)与自变量 X(或称独变量、解释变量)之间关系的模型。简单线性回归使用一个自变量 X,多元回归使用超过一个自变量。

"回归"一词最早由弗朗西斯·高尔顿(Francis Galton)所使用,他也因此被誉为现代回归和相关技术的创始人。1875年,高尔顿利用豌豆实验来确定尺寸的遗传规律。他挑选了7组不同尺寸的豌豆,并说服他在英国不同地区的朋友每一组种植10粒种子,最后把原始的豌豆种子(父代)与新长的豌豆种子(子代)进行尺寸比较。当结果被绘制出来之后,他发现并非每一个子代都与父代一样,不同的是,尺寸小的豌豆会得到更大的子代,而尺寸大的豌豆却得到较小的子代。高尔顿把这一现象叫作"返祖"(趋向于祖先的某种平均类型),后来又称为"向平均回归"。一个总体中在某一时期具有某一极端特征(低于或高于总体均值)的个体在未来的某一时期将减弱它的极端性(或者是单个个体或者是整个子代),这一趋势现在被称作"回归效应"。人们发现它的应用很广,而不仅限于从一代到下一代豌豆大小问题。回归概念的重点在于所有样本都具有靠近或者"回归"平均值的趋势,即"回归到中等"(regression to medioerity)。

7.2.2 回归分析实现

研究某些实际问题时往往涉及多个变量。在这些变量中,有一个变量是研究中特别关注的,称为因变量,而其他变量则看成是影响这一变量的因素,称为自变量。

豌豆的尺寸用 y 表示。

决定 y 的因素是什么呢?可能是品种?土壤?温度?

称 y 为因变量,x 为自变量。

假定因变量与自变量之间有某种关系,并把这种关系用适当的数学模型表达出来,那么,就可以利用这一模型根据给定的自变量来预测因变量,这就是回归要解决的问题。

在回归分析中,只涉及一个自变量时称为一元回归,涉及多个自变量时则称为多元回归。如果因变量与自变量之间是线性关系,则称为线性回归(linear regression);如果因变量与自变量之间是非线性关系则称为非线性回归(nonlinear regression)(如图 7-7 所示)。

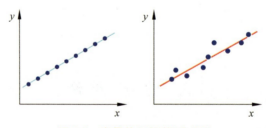

图 7-7 变量的函数/相关关系

函数关系是一一对应的确定关系,设有两个变量 x 和 y,变量 y 随变量 x 一起变化,并完全依赖于 x,当变量 x 取某个数值时,y 依确定的关系取相应的值,则称 y 是 x 的函数,记为 $y=f(x)$,其中 x 称为自变量,y 称为因变量。在函数关系中各观测点落在一条线上。然而现实场景中几乎没有变量能够反映出如此完美的关系,更加符合实际的情况是相关关系:一个变量的取值不能完全由另一个变量唯一确定,当变量 x 取某个值时,变量 y 的取值对应着一个分布,各观测点分布在直线周围。此时可以采用散点图表示变量关系(如图 7-8 所示)。

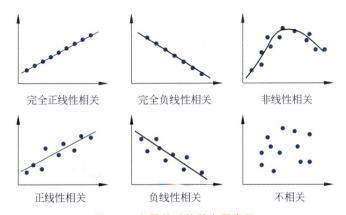

图 7-8 变量关系的散点图表示

确定了因变量与自变量后,即可估计模型参数、构建回归模型。以一元线性回归为例,一元线性回归模型可表示为 $y=\beta_0+\beta_1 x+\varepsilon$,$y$ 是 x 的线性函数部分加上误差项。线性部分反映了由于 x 的变化而引起的 y 的变化,误差项 ε 是随机变量,反映了除 x 和 y 之间的线性关系之外的随机因素对 y 的影响,是不能由 x 和 y 之间的线性关系所解释的变异性,β_0 和 β_1 称为模型的参数。德国科学家 Karl Gaus 提出最小二乘估计算法,用图中垂直方向的最小误差的平方和来估计参数,确定回归方程的参数(如图 7-9 所示)。

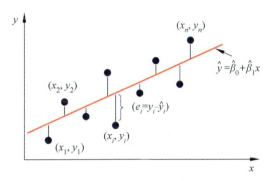

图 7-9 最小二乘法

数据集一般会含有多个定量变量(数值型变量),而数据分析的目的往往是将它们关联起来。使用统计模型来为两组带有噪声数据的观测值评估出一个简单的关系可能是非常有用的。

seaborn 中的回归图主要是为了在 EDA(探索数据分析)阶段为发掘数据中存在的规律提供一些视觉指引,也就是说,seaborn 本身并非是一个用于统计分析的库。想要得到关于回归模型拟合效果的一些量化指标,需要使用 statsmodels 库。seaborn 的终极目标是让用户通过可视化快速、轻易地探索数据。

seaborn 是在 matplotlib 的基础上进行了更高级的 API 封装,从而使得作图更加容易。seaborn 可以实现 Python 环境下的绝大部分探索性分析的任务,图形化的表达帮助我们对数据进行分析,而且对 Python 的其他库(比如 NumPy/Pandas/SciPy)有很好的支持。seaborn 包依赖于 SciPy 包,所以要先装 SciPy。seaborn 要求原始数据的输入类型为 Pandas 的 Dataframe 或 NumPy 数组,画图函数有以下几种形式:

sns.图名(x='X 轴列名', y='Y 轴列名', data=原始数据 df 对象)
sns.图名(x='X 轴列名', y='Y 轴列名', hue='分组绘图参数', data=原始数据 df 对象)
sns.图名(x=np.array, y=np.array[...])

对于图 7-10,利用 seaborn 只需一行代码 sns.lmplot(x="sepal", y="petal", hue="species", data=data)即可实现鸢尾花数据的分类线性回归分析,其中 seqal 和 petal 分别为萼片和花瓣的面积(seaborn 自带数据集 iris,利用萼片和花瓣的长、宽相乘得到面积数值)。

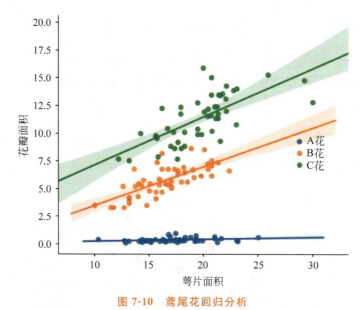

图 7-10　鸢尾花回归分析

回归图是用来探讨连续数值变量的变化趋势情况,在 seaborn 中有两种方法 (Lmplot、Regplot),两种函数用法类似。Lmplot 是一种集合基础绘图与基于数据建立回归模型的绘图方法,旨在创建一个方便拟合数据集回归模型的绘图方法,利用"hue""col" "row"参数来控制绘图变量。同时可以使用模型参数来调节需要拟合的模型:order、logistic、lowess、robust、logx。

以 tips 数据集为例(如图 7-11 所示),tips 是 seaborn 自带数据集,包含 7 个属性,共 244 条记录。属性分别为:总消费,小费,性别,是否吸烟,就餐星期,就餐时间,就餐人数。

sns.lmplot(x='total_bill', y='tip', data=tips, ci=65),x,y 和 data(前三个产生,不可省略)分别表示回归的自变量、回归变量和数据源,ci 用于描述置信区域(confidential interval)的大小,往往是 65,97 标准差的整数倍取值。此外参数 scatter_kws 和 line_kws 分别设置图中散点和回归线的样式 scatter_kws={"marker":"."},line_kws= {"linewidth":1, "color":"indianred"};如果绘制分组的线性回归图,可以通过 hue 参数控制使用分组的特征,例如 hue='smoker';参数 markers=["o","x"]控制不同的组用

不同的形状标记；参数 col="smoker" 控制分开不同的子图绘制；如果 col 选择的分组变量跟 hue 不同，则会根据 col 的变量再分组，并在不同的子图绘制线性回归图，如图 7-12 所示。

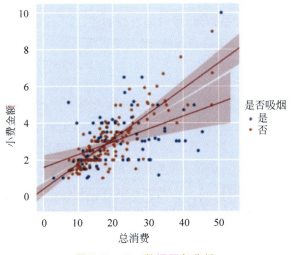

图 7-11　tips 数据回归分析

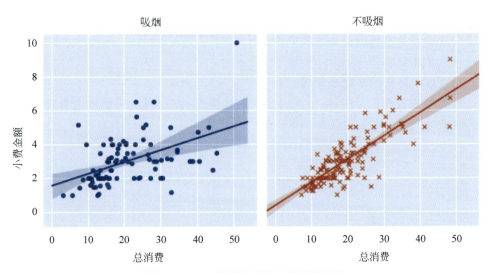

图 7-12　tips 数据集回归分析子图绘制

```
import pandas as pd
import seaborn as sns
import matplotlib.pyplot as plt
tips = sns.load_dataset("tips")
#统一绘图,不同的组用不同形状的标记
scatter_kws={"s":40}                                    #标记大小
line_kws={"linewidth": 1, "color": "indianred"}         #回归线
```

```
#不同标记形状及大小
g = sns.lmplot(x="total_bill", y="tip", hue='smoker',\
        data=tips, line_kws=line_kws, markers=".",scatter_kws = scatter_kws)
#分组绘图,不同的组用不同的形状标记
#g = sns.lmplot(x="total_bill",    #x,y和data分别为回归的自变量、回归变量和数据源
#               y="tip",
#               data=tips,
#               hue='smoker',               #分组变量
#               markers=["o", "x"],         #点的形状
#               col='smoker',               #分图变量,指定列smoker上分类
#               #line_kws={"linewidth": 1, "color": "indianred"} #回归线样式
#               )
plt.show()
```

7.3 练 习

练习题

1. 数据值缺失一般是什么原因造成的?

2. 简述3种常用的缺失值处理方法,并分别说明优缺点。

3. 简述相关关系和因果关系的概念与异同。

4. 什么是回归?

5. 实现回归分析的步骤是什么?

6. 以鸢尾花数据集为例,使用不同图示表达类型并分组绘图,尝试解释可视化呈现出来的结果。

第8章 基于可视化的分析案例

可视化不仅是直观优越的数据呈现方式,更是数据分析的有力手段。从数据中发现价值,提炼知识,再使用合适的方式将其展现,这是体现数据价值的完整过程,帮助我们理解数据背后的意义。本章以足球赛事数据集为例,展示了完整的数据分析过程,并通过可视化的方式进行辅助分析与结果呈现。

8.1 数据解读与导入

数据集 redcard.csv.gz 是 csv 文件的压缩包,包含了 28 个属性、14 万条记录。它将裁判和球员之间的每一个交互聚合成一行,数据展示了 2012—2013 年的赛事,包括 2053 名球员、3147 名裁判的记录。通过数据解读和可视化工具的辅助,希望能够探索出肤色与红牌之间是否存在一定的相关关系。首先让我们了解一下数据集相关属性。

	playerShort	player	club	leagueCountry	birthday	height	weight	position	games	victories	ties	defeats	goals	yellowCards	yellowReds	redCa
0	lucas-wilchez	Lucas Wilchez	Real Zaragoza	Spain	31.08.1983	177.0	72.0	Attacking Midfielder	1	0	0	1	0	0	0	
1	john-utaka	John Utaka	Montpellier HSC	France	08.01.1982	179.0	82.0	Right Winger	1	0	0	1	0	1	0	
2	abdon-prats	Abdón Prats	RCD Mallorca	Spain	17.12.1992	181.0	79.0	NaN	1	0	1	0	0	1	0	
3	pablo-mari	Pablo Marí	RCD Mallorca	Spain	31.08.1993	191.0	87.0	Center Back	1	1	0	0	0	0	0	
4	ruben-pena	Rubén Peña	Real Valladolid	Spain	18.07.1991	172.0	70.0	Right Midfielder	1	1	0	0	0	1	0	

图 8-1 足球赛事数据集

属性说明如下。

① playerShort——球员全名

② player——球员姓名

③ club——球员所属俱乐部

④ leagueCountry——球员俱乐部所属国家

⑤ birthday——球员生日

⑥ height——球员身高(cm)

⑦ weight——球员体重(kg)

⑧ position——球员所属位置

⑨ games——裁判执法场次

⑩ victories——获胜场次

⑪ ties——平局场次

⑫ defeats——战败场次

⑬ goals——裁判为球员执法场次中进球数

⑭ yellowCards——裁判给出的黄牌数

⑮ yellowReds——裁判给出的黄红牌数

⑯ redCards——裁判给出的红牌数

⑰ photoID——球员的照片 ID

⑱ rater1——评分者 1 从照片给球员的肤色评分

⑲ rater2——评分者 2 从照片给球员的肤色评分

⑳ refNum——裁判 ID

㉑ refCountry——裁判所属国家 ID

㉒ Alpha-3——国家名称缩写

㉓ meanIAT——裁判所在国家/地区平均隐性偏见得分

㉔ nIAT——该特定国家/地区比赛样本量

㉕ seIAT——IAT 平均估算的标准误查

㉖ meanExp——裁判所在国家/地区平均显性偏差得分

㉗ nExp——该特定国家/地区偏见的程度

㉘ seExp——偏差估计标准误差

利用 pandas.read_csv()方法导入数据集,当前数据文件为 gz 压缩包,所以要添加参数 compression='gzip'。利用 df.shape 查看数据集大小为 146028×28。

```
# 读取原始数据
df = pd.read_csv("redcard.csv.gz", compression='gzip')
df.shape

(146028, 28)
```

我们先利用 head 查看数据前几行,当属性过多时 Pandas 会自动隐藏中间列,并用省略号"…"表示,如果需要查看全部属性列,请添加代码 pd.set_option('display.max_columns', None)显示所有列。同时还可以利用 df.describe().T 生成数据集简要的统计信息,包括计数、均值、标准差、最大最小值、中位数等。T 表示矩阵转置,使得属性列保持在纵向,统计信息为行索引,便于阅读(如图 8-2 所示)。

```
df.describe().T  #生成数据集简要的统计信息，包括计数、均值、标准差、最大最小值、中位数等
```

	count	mean	std	min	25%	50%	75%	max
height	145765.0	181.935938	6.738726	1.610000e+02	177.000000	182.000000	187.000000	2.030000e+02
weight	143785.0	76.075662	7.140906	5.400000e+01	71.000000	76.000000	81.000000	1.000000e+02
games	146028.0	2.921166	3.413633	1.000000e+00	1.000000	2.000000	3.000000	4.700000e+01
victories	146028.0	1.278344	1.790725	0.000000e+00	0.000000	1.000000	2.000000	2.900000e+01
ties	146028.0	0.708241	1.116793	0.000000e+00	0.000000	0.000000	1.000000	1.400000e+01
defeats	146028.0	0.934581	1.383059	0.000000e+00	0.000000	1.000000	1.000000	1.800000e+01
goals	146028.0	0.338058	0.906481	0.000000e+00	0.000000	0.000000	0.000000	2.300000e+01
yellowCards	146028.0	0.385364	0.795333	0.000000e+00	0.000000	0.000000	1.000000	1.400000e+01
yellowReds	146028.0	0.011381	0.107931	0.000000e+00	0.000000	0.000000	0.000000	3.000000e+00
redCards	146028.0	0.012559	0.112889	0.000000e+00	0.000000	0.000000	0.000000	2.000000e+00
rater1	124621.0	0.264255	0.295382	0.000000e+00	0.000000	0.250000	0.250000	1.000000e+00
rater2	124621.0	0.302862	0.293020	0.000000e+00	0.000000	0.250000	0.500000	1.000000e+00

图 8-2　数据集统计信息

8.2　数据集重构

通过导入数据，观察数据规模，统计信息等可对数据产生直观的理解，接下来我们需要根据属性的含义及相关关系完成对数据的降维，以减小模型复杂度，提高鲁棒性和泛化性，并能够有效地减少训练时间。数据的质量决定了数据分析的有效性，其中空值数据、冗余数据是原始数据集首先要解决的问题。欲得到关于球员和裁判的基本信息，可通过对各属性观察，初步筛选出关于球员的核心属性集：playerShort、birthday、height、weight、position、photoID、rater1、rater2，由于原始数据集不存在索引 ID，我们尝试使用球员名称 playerShort 作为索引，并对数据集中球员数据去除空值、判断冗余，以得到关于球员的基本信息数据集；同理也可以从原数据集中梳理出裁判与国家的映射关系、获取裁判员给运动员判罚的比赛信息。

Pandas 提供基于行和列的聚合操作，groupby() 可理解为基于行的聚合，agg() 则是基于列的聚合。从实现上看，groupby() 返回的是一个 DataFrameGroupBy 结构，而 agg() 是 DataFrame 的直接方法，返回的也是一个 DataFrame。当然，很多功能用 sum、mean 等也可以实现。agg 方法十分简洁，传给它的函数可以是系统函数，也可以自定义。首先我们定义一个判断冗余的函数 get_subgroup(df, index, columns) 使得数据集 df 中以 index 为索引，以 columns 为观察列，通过 nuique 查看序列的不同值数量，以此为依据判断数据是否出现冗余。

```
def get_subgroup(dataframe, g_index, g_columns):
    g = dataframe.groupby(g_index).agg({col:'nunique' for col in g_columns})  #nunique函数可以查看数据有多少个不同值，以此判断冗余数据
    print(g)
    if g[g > 1].dropna().shape[0] != 0:  #不同值大于1说明数据冗余，对这些行剔除包含空数据的行，若此时shape[0]读取第一维长度，即数据行数!=0
        print("Warning: you probably assumed this had all unique values but it doesn't.")  #删除空数据的行对于每个分组还有多行的情况
    return dataframe.groupby(g_index).agg({col:'max' for col in g_columns})  #如果存在冗余，则在冗余数据中取max，消除冗余
```

经过去空的操作后，即可得到包含球员7个核心属性集的矩阵，如图8-3所示。

playerShort	birthday	height	weight	position	photoID	rater1	rater2
aaron-hughes	08.11.1979	182.0	71.0	Center Back	3868.jpg	0.25	0.00
aaron-hunt	04.09.1986	183.0	73.0	Attacking Midfielder	20136.jpg	0.00	0.25
aaron-lennon	16.04.1987	165.0	63.0	Right Midfielder	13515.jpg	0.25	0.25
aaron-ramsey	26.12.1990	178.0	76.0	Center Midfielder	94953.jpg	0.00	0.00
abdelhamid-el-kaoutari	17.03.1990	180.0	73.0	Center Back	124913.jpg	0.25	0.25

图8-3 球员7个核心属性集

裁判员所属国家，以同样方法获得数据集中的裁判与国家对应表。

```
# 裁判员所属国家，以同样方法获得数据集中的裁判与国家对应表（去除冗余）
referee_index = 'refNum'    #裁判ID
referee_cols = ['refCountry']   #裁判国家ID
referees = get_subgroup(df, referee_index, referee_cols)
print(referees.shape)
```

(3147, 1)

筛选出判罚相关的核心属性：games，victories，ties，defeats，goals，yellowCards，yellowReds，redCards，以裁判、球员（refNum，playerShort）作为索引，删除空值，获得比赛判罚核心数据集，如图8-4所示。

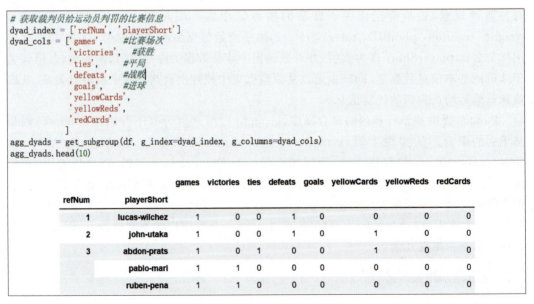

图8-4 比赛判罚核心属性集

对于原始数据的处理,缺失值是必须要考虑的问题。missingno 提供了一个灵活且易于使用的缺失数据可视化和实用程序的小工具集,可以快速、直观地总结数据集的完整性,并可以查看属性之间的相关关系。如果原始数据集包含记录过多,可以采用随机抽取的方式抽取数据作为样本,观察缺失值及属性相关性,如图 8-5 所示。

```
#使用 missingno 可视化查看特征缺失值情况,白色表示缺失值
msno.matrix(players.sample(2000),           #随机选取 2000 行
            figsize=(16, 7),
            width_ratios=(15, 1))           #长宽比
```

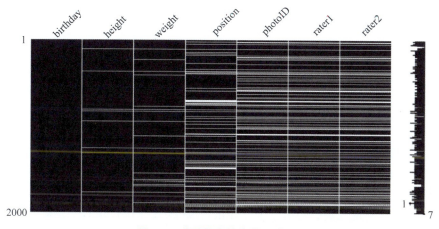

图 8-5　球员信息缺失值矩阵(1)

```
#一个变量的存在或不存在如何强烈影响另一个的存在
#查看 photoID,rater1,rater2 之间相互联系紧密度
msno.heatmap(players.sample(2000),figsize=(16, 7))
```

由图 8-6 可以看到 photoID 和评分 rater1、rater2 强相关,也就是说没有照片的球员,也没有评分,因此可以考虑删除 rater1 为空的条目。

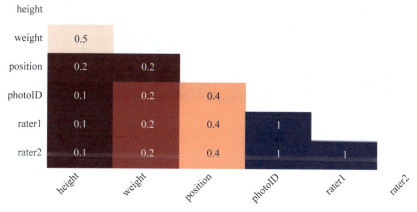

图 8-6　球员属性相关性

```
#统计缺失值数目
print("All players:", len(players))
print("rater1 nulls:", len(players[(players.rater1.isnull())]))
print("rater2 nulls:", len(players[players.rater2.isnull()]))
print("Both nulls:", len(players[(players.rater1.isnull()) & (players.rater2.isnull())]))
OUT:
All players: 2053
rater1 nulls: 468
rater2 nulls: 468
Both nulls: 468
players = players[players.rater1.notnull()]    #去掉 rater1 为空的记录
#重新观察缺失值
msno.matrix(players.sample(1500),
            figsize=(16, 7),
            width_ratios=(15, 1))
```

通过对图 8-7 中的缺失值的统计可以看出，rate1 和 rate2 属性记录同步，因此可以去掉 rate1 为空的记录。通过 missingno 缺失值矩阵可以看出，删除了 rate1 的数据集缺失值的确明显大幅减少。但需要注意的是，missingno 的 heatmap 只能查看到属性有无的关系，即一个属性出现或缺失对另一个属性出现或缺失的影响，并不代表两个属性之间值的相似性。此处我们需要借助 seaborn 中 heatmap 来观察 rate1 和 rate2 的值是否强相关。

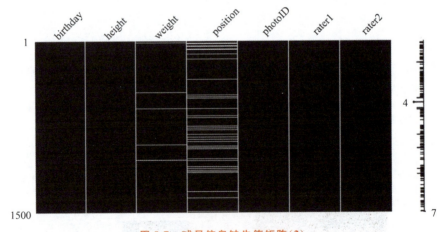

图 8-7 球员信息缺失值矩阵（2）

```
fig, ax = plt.subplots(figsize=(12, 8))
sns.heatmap(pd.crosstab(players.rater1, players.rater2), cmap='Blues', annot=True, fmt='d', ax=ax)
```

seaborn.heatmap()中 cmap 代表 matplotlib 的 colormap 名称或颜色对象，annot＝

True,fmt='d'即在图上显示数据值。从热力图中可以看出对角线的聚合程度最高,说明rater1 和 rater2 高度一致,为了同时保留两个属性的特征(如图 8-8 所示),我们对 rater1 和 rater2 取均值进行合并,作为 player 数据集中的新特征 skintone。

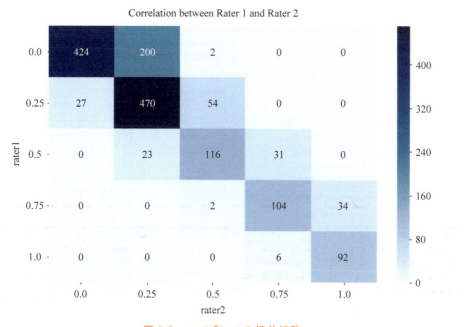

图 8-8　rate1 和 rate2 相关矩阵

为了更好地量化球员属性特征,出生日期明显不如年龄更直观。数据集中记录为 2011—2012 年的比赛数据,故以 2013 年为截止日期,计算球员年龄,并增加新特征 age_year(365.25 天/年);同时设置体重标签为["vlow_weight","low_weight","mid_weight","high_weight","vhigh_weight"]、设置身高标签为["vlow_height","low_height","mid_height","high_height","vhigh_height"],获取运动员体重和身高数据,按照数据分布情况并自动映射为上述标签,并以此在数据集 player 中增加新属性 weightclass、heightclass。

通过观察球员的出生日期可以发现,出生日期格式为"日.月.年",需要使用 pandas.to_datatime 转换为标准格式并进行运算。

```
#计算运动员 2013 年的年龄,增加 age_years 特征
players['birth_date'] = pd.to_datetime(players.birthday, format='%d.%m.%Y')
players['age_years'] = ((pd.to_datetime("2013-01-01") - players['birth_date']).dt.days)/365.25
players['age_years']
```

对于身高和体重的分段,可以利用 pandas.qcut(x, q, labels=None, retbins=False, precision=3, duplicates='raise')方法。该方法基于样本分位数划分数据,即把一组数字按大小区间进行分区,其中 x 是数据 ndarray 或 Series;q 定义区间分割方法,为

整数或分位数数组,分位数 10 为十分位数、4 为四分位数等。身高和体重分段,使用 qcut 函数把身高和体重分成五个区间,放到'weightclass'和'heightclass'特征中(如图 8-9 所示)。

```
weight_categories = ["vlow_weight","low_weight", "mid_weight", "high_weight",
"vhigh_weight",]
players['weightclass'] = pd.qcut(players['weight'], len(weight_categories),
weight_categories)
height_categories = ["vlow_height", "low_height", "mid_height", "high_height",
"vhigh_height",]
players['heightclass'] = pd.qcut(players['height'], len(height_categories),
height_categories)
players.head()
```

playerShort	birthday	height	weight	position	photoID	rater1	rater2	skintone	birth_date	age_years	weightclass	heightclass
aaron-hughes	08.11.1979	182.0	71.0	Center Back	3868.jpg	0.25	0.00	0.125	1979-11-08	33.149897	low_weight	mid_height
aaron-hunt	04.09.1986	183.0	73.0	Attacking Midfielder	20136.jpg	0.00	0.25	0.125	1986-09-04	26.327173	low_weight	mid_height
aaron-lennon	16.04.1987	165.0	63.0	Right Midfielder	13515.jpg	0.25	0.25	0.250	1987-04-16	25.713895	vlow_weight	vlow_height
aaron-ramsey	26.12.1990	178.0	76.0	Center Midfielder	94953.jpg	0.00	0.00	0.000	1990-12-26	22.017796	mid_weight	low_height
bdelhamid-el-kaoutari	17.03.1990	180.0	73.0	Center Back	124913.jpg	0.25	0.25	0.250	1990-03-17	22.795346	low_weight	low_height

图 8-9　身高体重属性分段结果

当前球员位置(position)有 13 个分类:Attacking Midfielder,Right Winger,nan,Center Back,Right Midfielder,Left Fullback,Defensive Midfielder,Goalkeeper,Right Fullback,Left Winger,Left Midfielder,Center Forward,Center Midfielder,对于红牌判罚来说,将位置属性数据规整角色替代更为直观也更具可读性,下面将位置属性分别以如下映射替换为前锋、中锋、后卫、守门员四类。将 player 数据集中增加属性'position_agg'保存位置的最新分类。重新整理球员核心属性集,包含特征 height,weight,skintone,position_agg,weightclass,heightclass,age_years。

```
defense = ['Center Back', 'Defensive Midfielder', 'Left Fullback', 'Right
Fullback', ]
midfield = ['Right Midfielder', 'Center Midfielder', 'Left Midfielder',]
forward = ['Attacking Midfielder', 'Left Winger', 'Right Winger', 'Center
Forward']
keeper = 'Goalkeeper'
players_cleaned_variables = ['height','weight','skintone','position_agg',
'weightclass','heightclass','age_years']
clean_players = players[players_cleaned_variables]
```

至此我们已完成球员核心数据集的重构,下面我们将利用 pandas_profiling——一个开源 Python 库,从 DataFrame 中生成数据的统计报告文件,它只需一行代码即可为任何机器学习数据集生成漂亮的交互式报告。

pandas_profiling 使用 df.profile_report() 扩展了 DataFrame,以便进行快速数据分析。每一列的以下统计数据(如果与列类型相关)都显示在交互式 HTML 报告中。

① 类型推断：检测 DataFrame 中列的类型。

② 概要：类型,唯一值,缺失值。

③ 分位数统计信息,例如最小值,Q_1,中位数,Q_3,最大值,范围,四分位数范围。

④ 描述性统计数据,例如均值,众数,标准偏差,和,中位数,绝对偏差,变异系数,峰度等。

⑤ 最常使用的值。

⑥ 直方图。

⑦ 高度相关变量(Spearman,Pearson 和 Kendall 矩阵)的相关性突出显示。

⑧ 缺失值矩阵,计数(count),热图和缺失值树状图。

检查数据并生成报告文件。

```
pfr=pandas_profiling.ProfileReport(clean_players)
pfr.to_file('report.html')
```

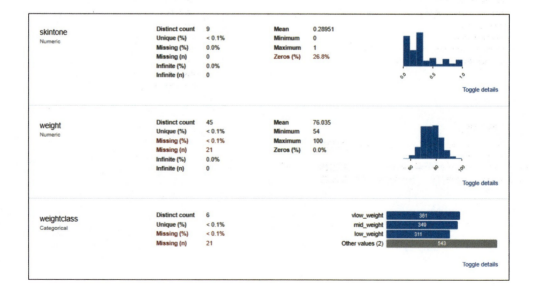

第 8 章 基于可视化的分析案例

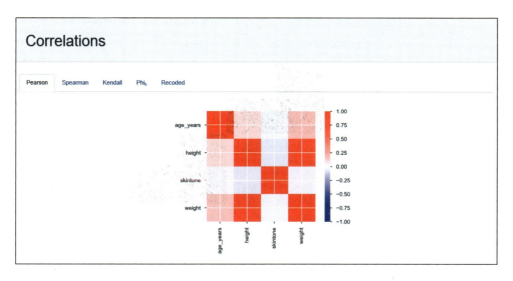

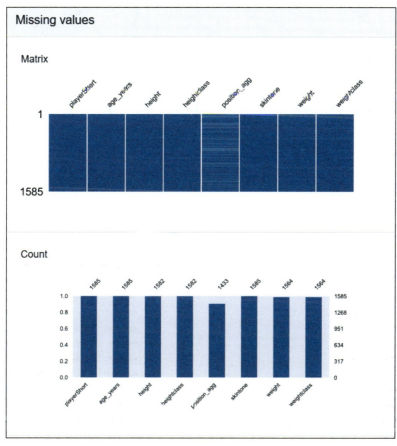

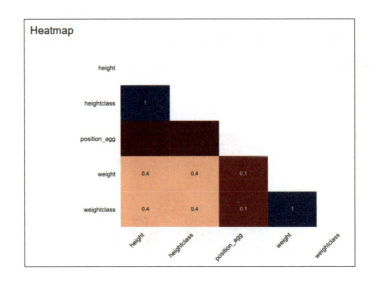

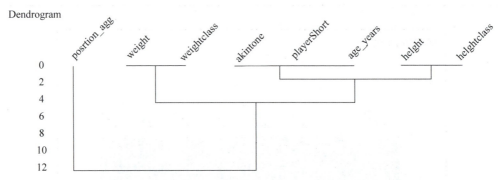

Sample

First rows

playerShort	age_years	height	heightclass	position_agg	skintone	weight	weightclass
aaron-hughes	33.149897	182.0	mid_height	Defense	0.125	71.0	low_weight
aaron-hunt	26.327173	183.0	mid_height	Forward	0.125	73.0	low_weight
aaron-lennon	25.713895	165.0	vlow_height	Midfield	0.250	63.0	vlow_weight
aaron-ramsey	22.017796	178.0	low_height	Midfield	0.000	76.0	mid_weight
abdelhamid-el-kaoutari	22.795346	180.0	low_height	Defense	0.250	73.0	low_weight
abdou-traore_2	24.958248	180.0	low_height	Midfield	0.750	74.0	low_weight
abdoulaye-diallo_2	20.758385	189.0	vhigh_height	Keeper	0.875	80.0	high_weight
abdoulaye-keita_2	22.370979	188.0	high_height	Keeper	0.875	83.0	vhigh_weight
abdoulwhaid-sissoko	22.787132	180.0	low_height	Defense	1.000	68.0	vlow_weight
abdul-rahman-baba	18.502396	179.0	low_height	Defense	0.875	70.0	vlow_weight

Last rows

playerShort	age_years	height	heightclass	position_agg	skintone	weight	weightclass
ze-castro	29.968515	183.0	mid_height	Defense	0.250	76.0	mid_weight
zhi-gin-lam	21.579740	175.0	vlow_height	Defense	0.250	67.0	vlow_weight
zlatan-alomerovic	21.549624	187.0	high_height	Keeper	0.000	88.0	vhigh_weight
zlatan-ibrahimovic	31.247091	192.0	vhigh_height	Forward	0.250	84.0	vhigh_weight
zlatko-junuzovic	25.267625	172.0	vlow_height	Forward	0.125	69.0	vlow_weight
zoltan-gera	33.697467	181.0	mid_height	Forward	0.250	76.0	mid_weight
zoltan-stieber	24.210815	175.0	vlow_height	Midfield	0.000	67.0	vlow_weight
zoumana-camara	33.749487	182.0	mid_height	Defense	0.875	76.0	mid_weight
zubikarai	28.848734	185.0	high_height	Keeper	0.000	84.0	vhigh_weight
zurutuza	26.455852	186.0	high_height	Defense	0.000	78.0	mid_weight

汇总红牌数量,将新的球员数据集与比赛数据集合并为 player_dyad_game,至此数据集重构完毕。

```
# 总的红牌数 = 黄红牌+直接红牌数
agg_dyads['totalRedCards'] = agg_dyads['yellowReds'] + agg_dyads['redCards']
```

```
# 合并球员信息和比赛信息,使用各自索引的合并,
player_ref_game = (agg_dyads.reset_index()
                    .set_index('playerShort')   #agg_dyads索引重置为playerShort便于连接
                    .merge(clean_players,
                           left_index=True,      #使用坐标索引连接
                           right_index=True)     #使用右表索引连接
                  )
```

8.3 回归模型拟合

为了分析球员肤色对获得红牌概率的影响,将数据集按肤色统计得到红牌平均值,通过 seaborn.replot()描画数据并以线性回归模型进行拟合。首先通过肤色属性'skintone'执行分组,统计得到不同肤色的红牌数平均值 skin_redcard = player_ref_game.groupby('skintone').mean();进而利用 seaborn♯seaborn.replot()描画数据并以线性回归模型进行拟合。

```
ax = sns.regplot(skin_redcard.index.values,    #特征变量 X
                 y='totalRedCards',             #因变量 Y
                 data=skin_redcard,             #data 数据
                 lowess=True,                   #局部加权回归平滑法,曲线更好拟合数据
                 scatter_kws={'alpha':0.4,})    #散点其他设定,透明度 0.4
```

利用 ax.set_xlabel("Skintone")实现回归模型数据拟合,如图 8-10 所示。

通过回归拟合图形,可以发现肤色对裁判的判罚有一定的影响,当肤色值超过 0.7,被判罚红牌的概率将会更高。

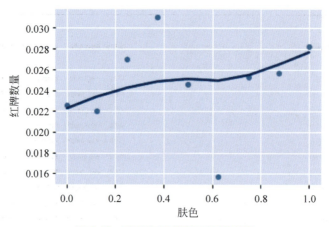

图 8-10 肤色与红牌数量回归拟合

8.4 Bootstrap 采样分析

　　Bootstrap 方法是非常有用的一种统计学上的估计方法,是斯坦福大学统计学系的教授 Bradley Efron 在总结、归纳前人研究成果的基础上提出的一种新的非参数统计方法。Bootstrap 是一类非参数 Monte Carlo 方法,其实质是对观测信息进行再抽样,进而对总体的分布特性进行统计推断。因为该方法充分利用了给定的观测信息,不需要模型其他的假设和增加新的观测,并且具有稳健性和效率高的特点。随着计算机技术被引入到统计实践中来,此方法越来越受欢迎,在机器学习领域应用也很广泛。

　　Bootstrap 通过重抽样,可以避免 Cross-Validation 造成的样本减少问题;其次,Bootstrap 也可以用于创造数据的随机性。例如随机森林算法第一步就是从原始训练数据集中,应用 Bootstrap 方法有放回地随机抽取 k 个新的自助样本集,并由此构建 k 棵分类回归树。

　　下面使用一个例子具体介绍 Bootstrap 的原理和用法:假设存在两个金融资产 X 和 Y,欲合理配置这两个资产使其资产组合的风险最小。也就是找到一个 α,使得 $\mathrm{Var}(\alpha X + (1-\alpha)Y)$ 最小。马尔可维茨已经在其投资组合理论里给出最优的 α 表达式为:

$$\alpha = \frac{\sigma_Y^2 - \sigma_{XY}}{\sigma_X^2 + \sigma_Y^2 - 2\sigma_{XY}}$$

其中 $\sigma_X^2 = \mathrm{Var}(X), \sigma_Y^2 = \mathrm{Var}(Y), \sigma_{XY} = \mathrm{Cov}(X,Y)$。

　　在实际生活中我们并不知道 $\sigma_X^2, \sigma_Y^2, \sigma_{ZY}$ 的值,故而只能通过 X 和 Y 的一系列样本对其进行估计。并利用估计值 $\hat{\sigma}_X^2, \hat{\sigma}_Y^2$ 以及 $\hat{\sigma}_{XY}$,代替 $\sigma_X^2, \sigma_Y^2, \sigma_{XY}$:

$$\hat{\alpha} = \frac{\hat{\sigma}_Y^2 - \hat{\sigma}_{XY}}{\hat{\sigma}_X^2 + \hat{\sigma}_Y^2 - 2\hat{\sigma}_{XY}}$$

　　传统方法中会直接使用样本方差(sample variance)估计 $\sigma_X^2, \sigma_Y^2, \sigma_{XY}$ 的值,然而利用 Bootstrap 可以更好地去估计总体的分布特性,即不仅可以估计 α,还可以估计 α 的方差、中位数等值。

Bootstrap 重采样步骤如下。

① 在原有的样本中通过重抽样(Re-sample)抽取一定数量的新样本,重抽样代表有放回地抽取,即一个数据有可以被重复抽取超过一次。

② 基于产生的新样本,计算所需要估计的统计量。

在这例子中,我们需要估计的统计量是 α,则需要基于新样本的方差、协方差的值作为值 $\hat{\sigma}_X^2, \hat{\sigma}_Y^2$ 以及 $\hat{\sigma}_{XY}$,通过上述公式算出一个 $\hat{\alpha}$。

③ 重复上述步骤 n 次(一般是 $n>1000$ 次)。

在这个例子中,通过 n 次(假设 $n=1000$),我们就可以得到 1000 个 α_i,也就是 $\alpha_1, \alpha_2, \cdots, \alpha_{1000}$。

④ 计算被估计量的均值和方差。

通俗地解释 Bootstrap sample 即为子样本之于样本,可以类比样本之于总体。例如,假设鱼塘总共有鱼 1000 条,老李在不知情的情况下需要统计鱼塘里面鱼的条数,应该如何统计呢?首先老李选择承包鱼塘,不让别人捞鱼(规定总体分布不变);然后自己捞鱼,捞 100 条,都打上标签(构造样本);把鱼放回鱼塘,休息一晚(使之混入整个鱼群,确保之后抽样随机);开始捞鱼,每次捞 100 条,数一下,自己昨天标记的鱼有多少条,占比多少(一次重采样取分布);重复③、④步骤 n 次,即可建立分布。

在 Python 中,pandas.DataFrame.sample() 提供了 Bootstrap 采样的构建。DataFrame.sample(n=None, frac=None, replace=False, weights=None, random_state=None, axis=None)[source],其中 n 为要抽取的记录数,replace 代表是否为有放回采样。

```
#sample 有放回地随机抽取 10000 行,按 Skintone 分组后求各特征均值,进行 100 次
bootstrap = pd.concat([player_ref_game.sample(replace=True, n=10000)
    groupby('skintone').mean() for _ in range(100)])
#随机重复抽样统计肤色得红牌数的平均值可视化
ax = sns.regplot(bootstrap.index.values, y='totalRedCards', data=bootstrap,
    lowess=True,
    scatter_kws={'alpha':0.4,}, x_jitter=(0.125 / 4.0))   #增加 X 轴向随机点(抖动)
ax.set_ylim(0.016,0.03)
ax.set_xlabel("Skintone")
```

最终结果如图 8-11 所示。

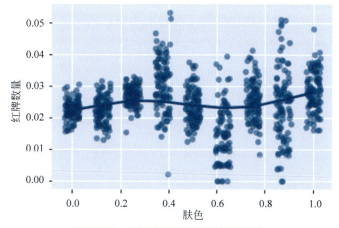

图 8-11 随机采样红牌数量回归拟合

8.5 练　习

练习题

1. 简述可视化对于数据分析有哪些作用和意义。
2. Seaborn 的 heatmap 与 missingno 的 heatmap 有什么不同？
3. pandas_profiling 工具包可以探索数据质量的哪些方面？
4. 简述 Bootstrap sample 的步骤。

图书资源支持

感谢您一直以来对清华版图书的支持和爱护。为了配合本书的使用,本书提供配套的资源,有需求的读者请扫描下方的"书圈"微信公众号二维码,在图书专区下载,也可以拨打电话或发送电子邮件咨询。

如果您在使用本书的过程中遇到了什么问题,或者有相关图书出版计划,也请您发邮件告诉我们,以便我们更好地为您服务。

我们的联系方式:

地　　址:北京市海淀区双清路学研大厦 A 座 714

邮　　编:100084

电　　话:010-83470236　010-83470237

客服邮箱:2301891038@qq.com

QQ:2301891038(请写明您的单位和姓名)

资源下载: 关注公众号"书圈"下载配套资源。

书 圈

获取最新书目

观看课程直播